北京市一流本科专业建设教材
高等学校应用型人才培养系列教材

李洪海　主　编
郜亚丽　于娜娜　周　宇　副主编

UI界面设计

化学工业出版社
·北京·

内 容 简 介

本书针对新时代信息产业UI界面设计应用型人才培养而编写，以推进数字中国建设，推动文化创新性发展为指引，详解界面设计师需要掌握的全流程知识与能力素养。全书共9章内容，第1～4章为UI界面设计概述、界面架构设计、界面视觉设计原则与规范、界面视觉设计流程与方法，主要作用是帮助学生建立明晰的能力框架。第5～7章为界面视觉设计案例、界面动效设计、界面高保真原型制作，通过具体案例讲解软件工具的使用。第8、9章为桌面端界面设计案例、移动端界面设计案例，详细讲解了综合案例，让学生通过综合性练习提升实战能力。书中各案例配有操作视频，部分章节设有扩展案例，可扫描书中二维码观看。为了便于实践练习，书中案例均配套源文件和素材，可登录化学工业出版社官网下载、使用。教师可登录化工教育网注册后获取课程标准、教学大纲、课件PPT。

本书适合高等学校视觉传达设计、数字媒体艺术、信息艺术设计、游戏设计、广告设计等相关专业教学使用，也可以为界面设计师、数字媒体设计师、创意广告设计师等专业工作者和相关研究者提供参考与借鉴。

图书在版编目（CIP）数据

UI界面设计 / 李洪海主编. —北京：化学工业出版社，2023.9（2024.8重印）

ISBN 978-7-122-43668-9

Ⅰ. ①U… Ⅱ. ①李… Ⅲ. ①人机界面－程序设计 Ⅳ. ①TP311.1

中国国家版本馆CIP数据核字（2023）第105254号

责任编辑：张　阳　　文字编辑：谢晓馨　刘　璐　　装帧设计：张　辉
责任校对：张茜越　　版式设计：梧桐影

出版发行：化学工业出版社（北京市东城区青年湖南街13号　邮政编码100011）
印　　装：北京缤索印刷有限公司
787mm×1092mm　1/16　印张11¼　字数233千字　2024年8月北京第1版第2次印刷

购书咨询：010-64518888　　售后服务：010-64518899
网　　址：http://www.cip.com.cn
凡购买本书，如有缺损质量问题，本社销售中心负责调换。

定　　价：69.80元

前言

当前，移动互联网、智能硬件以及虚拟世界的丰富体验，让人们对未来的数字生活充满畅想，市场上对数字界面类产品的需求也逐年倍增。这让用户体验、交互设计、UI界面设计等概念更加深入人心。为了应对数字产品的发展，越来越多的企业都建设了用户体验设计中心，其重要性甚至比肩研发中心。这一领域需要大量的交互设计师、界面设计师以及用户体验人员，而传统的视觉传达设计、工业设计、媒体设计教育领域比其他领域更早地感受到了数字化转型带来的冲击。新时代的产品数字化趋势让设计师需要以交互与界面设计的思维重新思考原有的设计对象。

UI界面设计思维的核心是操作逻辑优先、标准化设计、规范化制作。这与传统的视觉传达设计、工业设计以及媒体设计有着很大的不同。这要求界面设计的流程更加关注用户的认知心理、使用习惯以及视觉逻辑，界面设计师发挥才华的空间发生了转移。更多的时候，界面设计师要考虑的是用户能不能理解一个按键的操作方式，或者斟酌多放置一个像素的内容会不会让页面太过拥挤。因此，界面设计师的核心能力也发生了演变，同理心成为一个优秀的界面设计师必备的素质。同时，界面设计师要对视觉元素微妙的差异保持敏感，更加重要的是思考如何将设计意图完美地呈现在上市的产品中。界面设计师是数字时代的新型职业，具有很强的交叉性和成长性，其未来的职业发展充满机遇。

本书基于行业未来对数字设计人才的需求，以培养学生的界面实操能力为主要目标，从界面设计实战角度出发，设置了大量的案例讲解。其中，第1章为UI界面设计概述；第2章着重讲解了界面架构设计的方法；第3章从视觉认识的视角解析了界面设计的原则与规范；第4章讲解了界面视觉设计的详细流程与方法；第5～7章分别用案例讲解的方式介绍了视觉设计、动效设计以及原型设计的软件操作；第8、9章讲解了桌面端以及移动端的两个综合设计案例。希望通过这些知识与技能的讲解，帮助学生建立界面设计知识框架，激发其界面设计思维，提升其界面设计的实操能力，让其上好界面设计师的职业第一课。需要说明的是，书中个别图片因汉化不到位等原因而存在表达不规范等问题。

本书的主编为北京信息科技大学李洪海，副主编为济源职业技术学院郜亚丽、黑龙江工程学院昆仑旅游学院于娜娜、武汉商学院周宇，武汉汇众计算机职业培训学校李桑、武汉商学院肖雷参与编写。在此，感谢各位编者的辛勤劳动，感谢侯林飞、史昊冉、李昊谦等同学的帮助，感谢化学工业出版社编辑们的耐心与付出，感谢多年来支持我们的读者朋友！由于时间、精力有限，书中难免有疏漏之处，真诚地希望读者提出宝贵建议，让我们在学习UI界面设计的道路上共同成长！

李洪海

2023年3月

目录

第1章 UI界面设计概述

知识目标 ● 了解UI界面设计的定义、历史、趋势、常用方法等。

能力目标 ● 能初步建立UI界面设计的知识体系框架。

素质目标 ● 了解界面设计师的职业发展路径，明确自己的职业规划。

重　　点 ● UI界面设计的定义；UI界面设计的方法。

难　　点 ● 掌握UI界面设计的知识体系。

1.1 认识UI界面设计

2017年，苹果公司在其全球开发者大会（WWDC）上发布了一则广告片。在广告片中，导演用夸张的手法表达了这个世界已经离不开智能终端与互联网。如果没有移动互联网，人们将不会独立开车，各种交易无法进行，人们的社交与娱乐也回到了集市时代。虽然有些夸张，但当下人们的生活已经离不开移动互联网是一个不争的事实。人们每天的衣、食、住、行、娱乐，都离不开各类屏幕与看不到的“网络信号”。而界面与交互也成为这一切的必备载体，UI界面交互设计也一跃成为设计领域人力最密集的职业方向。

对于大多数人来说，UI界面交互设计就是手机上的App图像，或者是浏览的网页。但实际上，UI界面交互设计最核心的并非有形的图像、按钮、动画等，而是背后隐形的逻辑。

课堂讨论

我们讨论一个经典的交互问题——ATM机取款问题。虽然现在使用现金的情况已经非常少见了，但取现金的流程大家应该都非常熟悉：

插入银行卡→输入密码→选择功能→输入取款数额→取出现金→退出银行卡

这一流程符合大多数人的心智习惯，但可能会出现一种意外情况，那就是忘记取卡。用户取款完成后，忘记拿走银行卡的情况时常发生，除了用户自身的问题外，这一流程是不是也有一些缺陷呢。我们换一个流程看一下：

插入银行卡→输入密码→选择功能→输入取款数额→退出银行卡→取出现金

和第一个流程相比，这一流程让用户先退出卡片，再取走现金。这样一个简单的流程重置，就可以最大可能地避免把卡忘记在ATM机中。原因也很简单，在用户的意识中，取钱的流程在拿到现金时已经结束。第一种流程中，最后一步取卡是一个额外的动作，一旦用户走神儿，就有可能忘记取卡的步骤。第二种流程中，用户取出卡片之后现金才能出现，用户不会拿了卡片转身就走，这就可以减少忘记取走卡片的情况发生。但是，第二种流程也会带来很多其他的问题，例如等待出钞的时间过长，会让用户有资金不安全的体验。

现在人们很少使用现金，更多的是使用手机App支付。移动支付的特点是支付的流程极其简化，简单到只需打开付款码进行快速扫描即可，使用的交互界面也不会超过3个。看似极简的流程，背后隐含的流程却较为复杂，至少包括前台的用户注册、银行卡关联等初始设置，以及后台的账户管理、资金监控等。这些复杂流程产生的界面数量也是可观的。

UI界面设计表面上看是基于视觉原理、风格的版式页面设计，菜单、图标等图形设计，以及转场切换等动态设计。但背后隐含着复杂的流程规划与设计，而流程规划与设计的背后又隐含着对需求和用户体验的设定。需求定义、流程设计、视觉设计这几个层次密不可分，构成了UI界面设计知识体系的核心架构。

目前的UI界面设计领域越来越广泛，已经不再局限于传统的基于屏幕的设计，物联网（IOT）产品（图1-1）、虚拟现实（图1-2）、增强现实等都已经成为UI界面设计领域的热门发展方向。

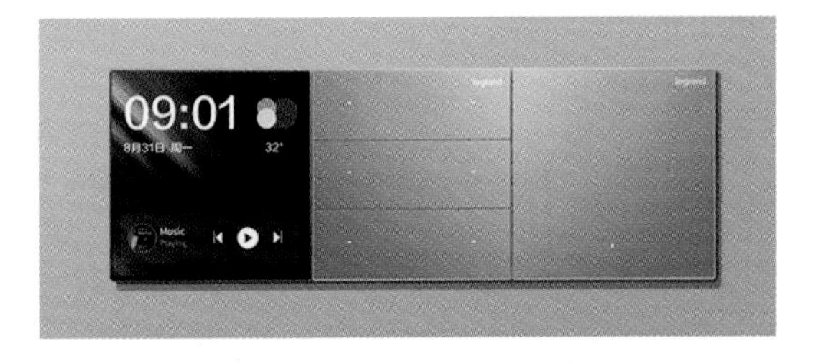

图1-1　智能家居交互面板

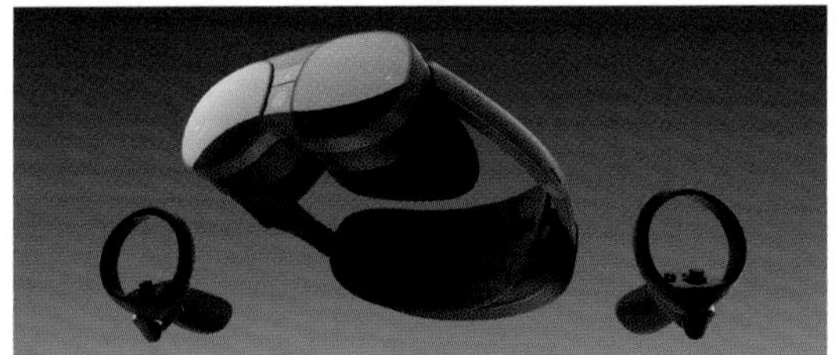

图1-2　VR（虚拟现实）头戴式显示器

1.2 UI界面设计的定义

UI界面设计是信息技术与艺术设计的交叉学科，专注于创建人机交互界面（例如计算机应用程序、移动应用程序、网站等）的外观和交互体验。界面设计师必须考虑许多因素，例如用户需求、美学、功能性、交互性等，以创建有效且易于使用的界面。UI界面设计是一个不断发展的概念，其定义也在动态变化中。

UI界面设计与其他设计专业领域也存在着密切的关系。与UI界面设计关联最紧密的设计领域是交互设计、工业设计以及视觉设计。UI界面设计可以看作是这三个领域的交集。它是交互设计的视觉呈现，是工业设计中的人机界面，也是视觉设计在交互设计与工业设计领域的一个分支。同时，UI界面设计也与信息架构设计、用户体验设计以及内容设计等领域有所交叉（图1-3）。

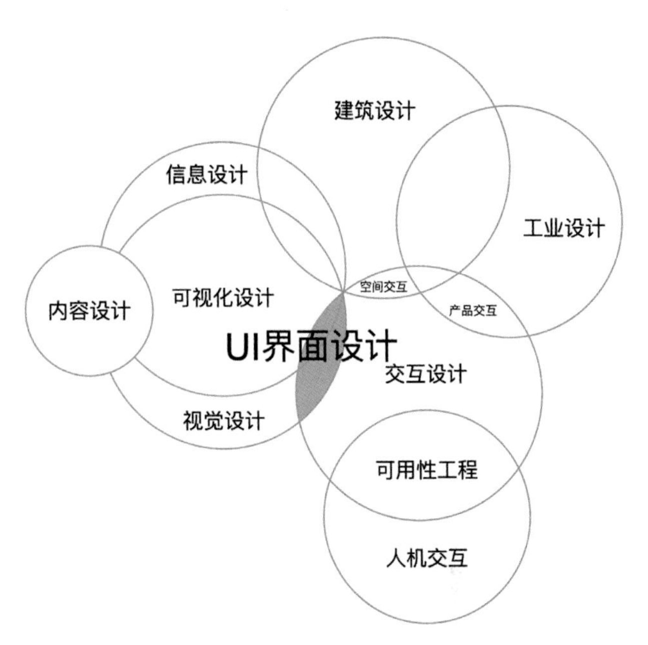

图1-3　UI界面设计与其他相关设计的关系

在UI界面设计领域中，经常会听到UI、IXD、UED等术语，掌握这些术语是进行设计沟通的必要前提。以下是对UI界面设计术语的整理。

界面设计，英文为User Interface Design，简写为UI。在设计行业中，这一术语狭义上主要指交互界面的视觉呈现工作。

交互设计，英文为Interaction Design，简写为IXD。在设计行业中，这一术语主要指从产品需求到视觉呈现的工作部分，核心是交互方式的定义、信息架构的设计以及交互文档的输出。

用户体验设计，英文为User Experience Design，简写为UED。在设计行业中，这一术语主要指交互界面设计产品的整体评价与设计工作，包含用户研究、产品定义、交互设计、界面设计以及可用性测试等，是一个相对广义的概念。

1.3 界面设计的历史、现状与未来

自20世纪80年代信息产业开始发展以来，界面与交互设计经过40多年的发展，已经成为设计行业中最重要的领域。尤其是在互联网与移动互联网时代，界面与交互设计领域的从业设计师已成为视觉设计行业中的主流。2021年被人们称为元宇宙元年，这是人们从真实世界迈向虚拟世界的开端。对于界面与交互设计领域而言，这是一个新时代的开启。传统的交互设计与界面设计领域在过去20年里经历了快速的发展，积累了大量的知识与技术，需要在新的时代回应新的设计需求。在这样的时代背景之下，新一代的界面与交互设计师既需要掌握互联网与移动互联网的知识体系与技能，也需要向新的领域拓展。随着信息技术与产业的发展，从设计的视角来看，界面设计的历史至少可以分为四个时代。

1.3.1 界面设计1.0时代：基于桌面屏幕系统的设计

这一时代是由个人计算机（PC，Personal Computer）的发展带来的。在PC出现之前，计算机属于专业领域，只能在实验室里使用，具备的是面向专业人员操作的界面。当PC进入个人办公室以及家庭之后，才出现界面设计这一概念。人们需要一个便于学习、容易使用以及具有一定装饰功能的个人产品。这一时代的计算机界面被称为图形用户界面（GUI，Graphic User Interface）。GUI基于一个非常稳定的人机交互模式进行开发，即窗口（Window）、图标（Icon）、菜单（Menu）、点击设备（Pointing Device）组成的交互模式，简称WIMP。在这一模式下，无论是软件界面设计还是网页界面设计，都以页面的版式布局为设计核心，以窗口、菜单等组件以及图标、文字等元素为主要设计对象。我们可以简单地认为，界面设计1.0时代是平面设计向屏幕转化的一个时代，很多设计原则仍然遵循平面设计的规律，只不过是在屏幕上进行一些设计优化（图1-4）。

1.3.2 界面设计2.0时代：面向移动与即时通信的设计

触屏便携设备和移动互联网的出现，推动了移动互联网时代的发展。这一时代的交互产品集中在移动设备端，界面设计需要适配相应的iOS系统或者安卓系统，所以界面设计需要遵循相应系统的设计规范。此外，用户的使用习惯也发生了巨大的变化，这一变化以即时性、碎片化为主要特征，这使界面设计更加注重设计对用户认知压力的影响，包括设计需要减少用户的学习成本、读图成本等。在界面设计2.0时代，设计师要关注的是如何在规范的指引下，设计出更适合用户快速理解与应用的设计方案（图1-5）。

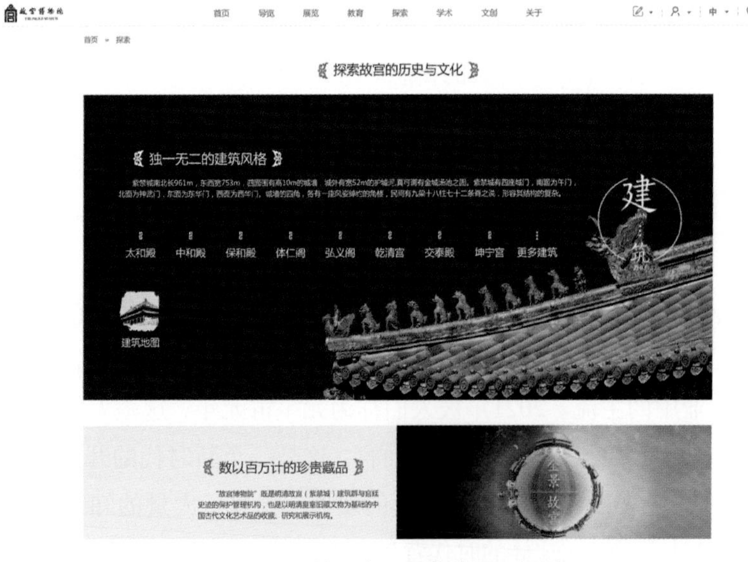

图1-4　基于桌面屏幕的界面设计

图1-5　面向移动设备的界面设计

1.3.3 界面设计3.0时代：整合软硬件交互的设计

在物联网（IOT，Internet of Things）技术发展的推动下，交互设计与界面设计的领域得到了扩展，从单一的智能终端到跨软硬件整合。尤其是智能家居、智能汽车等消费品领域的发展，让人与机器交互的领域，即人机交互（HMI，Human-Machine Interaction）设计成为界面设计3.0时代的增长点。HMI界面设计的特点介于传统的基于桌面屏幕的设计与移动设备的设计之间，这一领域拥有更丰富的屏幕尺寸，强调跨平台的统一性与更多通道的交互方式。语音交互、手势交互等新的交互方式的加入，都会影响到界面设计的设计对象与设计原则。在界面设计3.0时代，界面设计师应当关注如何在跨平台以及跨交互通道的背景之下，进行界面方案设计（图1-6）。

图1-6　汽车座舱的HMI界面设计

1.3.4 界面设计4.0时代：服务于虚实融合世界的设计

以虚拟现实（VR，Virtual Reality）、混合现实（MR，Mixed Reality）等技术为代表的虚实融合交互系统，已经在商业与工业领域得到了广泛的应用。随着Meta、苹果以及腾讯等公司在虚实融合领域的布局，未来这一领域的界面设计会成为新的热点。虚拟现实与增强现实等领域的交互设计、界面设计会产生革命性的变革，现实空间的纵深性、无边界性以及交互通道的多元化等都对界面设计提出了新的挑战。界面设计4.0时代对界面设计师的知识结构和能力的要求不断提高，尤其是对三维空间视觉界面设计的要求会增强（图1-7）。

图1-7　故宫博物院的虚拟展示

1.4 界面设计的流程与方法

界面设计领域经过几十年的发展，已经形成了独特的设计流程与方法。相较于其他设计领域的流程与方法而言，界面设计更加注重迭代、测试以及对视觉细节的关注。从不同设计逻辑来区分，界面设计的流程和方法可以分为三个类型，分别是以用户为中心的设计方法、以任务为中心的设计方法以及以视觉风格驱动的设计方法。

1.4.1 以用户为中心的设计方法

以用户为中心的设计（UCD，User Centered Design）是目前主流的界面设计方法，尤其是在移动互联网时代，UCD方法影响着各大互联网公司设计部门的设计方法论。UCD方法强调从用户视角进行界面设计，将用户研究的流程贯穿整个设计流程。UCD方法一般从用户定义出发，根据不同的用户画像开展界面设计，以满足用户的心智模型作为评价界面的标准，并积极开展用户体验测试，以提升整体的用户使用满意度与用户黏性。UCD方法的核心流程包括以下几点。**用户研究：**通过观察、调查、访谈和其他方法了解用户的需求、行为和偏好。**需求定义：**根据用户研究结果确定产品的需求。**设计：**利用需求定义开发产品设计，同时考虑用户界面、交互、内容和功能。**评估：**通过测试、评估和用户反馈，来评估产品的设计是否满足用户需求。**迭代：**根据评估结果对产品进行改进，以满足用户需求。

1.4.2 以任务为中心的设计方法

以任务为中心的设计（TCD，Task Centered Design）是传统的界面设计方法，在目前的商用软件行业或者功能性较强的消费领域应用较为广泛。在TCD方法中，设计师会对用户任务进行详细的分析，包括用户的目标、步骤、需求、输出等。然后根据分析结果，设计并开发出能够满足用户需求和完成任务的界面。在整个设计过程中，对界面可用性的关注会贯穿始终。TCD方法的核心流程与UCD方法类似，主要区别在于对任务分析和需求定义的侧重点不同。UCD方法重点在于对用户进行区分，根据不同用户类型和差异化需求展开后续设计。而TCD方法认为，用户任务和实现任务的流程存在一个比较合理的方式，其注重对任务本身的分析、拆解以及流程的梳理，在某种程度上，其更加关注用户完成任务的效率而不是体验。

1.4.3 以视觉风格驱动的设计方法

这一设计方法更加关注视觉风格的转变。在快速迭代的消费时代，多样化的风格可以更好地吸引用户，并使得同样功能的界面产品在消费市场中产生竞争优势。视觉风格驱动的设计方法基于相对稳定的流程与信息结构，在视觉风格上进行变化。主要研究方法包括设计趋势研究、语义转化设计等。视觉风格驱动的设计方法对设计师在审美和前瞻趋势上的能力要求较高。与前两种方法不同的是，在这一过程中，用户更多的是被影响和引导，而不是以用户的喜好为中心进行设计。

在实际的界面设计项目中，设计团队会根据不同的设计项目与需求选择相应的设计流程与方法。UCD方法更加适合创新性较强，并强调用户体验的界面设计项目。TCD方法适合需要优化某个流程或者功能的设计项目，尤其是快速迭代的产品，不需要进行周期过长的用户研究。视觉风格驱动的设计方法适合需要在同质化市场中竞争的产品，通过提升视觉设计质量的方式征服用户。

1.5 界面设计师的知识体系

为了应对变化迅速的设计产业需求，设计师必须养成终身学习的习惯，根据产业对人才实践能力的需求，进行自身知识与能力的提升。如何实现终身学习呢？这需要在学习某种知识的前期，搭建起一个可以扩展的知识框架，未来就可以在知识框架内进行知识的补充与扩展。界面设计是一门交叉学科，其知识框架相对比较复杂，可以从以下五个视角进行分析。

1.5.1 界面设计师的工作职责

界面设计师的核心工作是输出界面方案。但在职场中，任何职位都不是孤立的，需要和团队其他成员进行紧密的合作，参与到全流程的工作中。因此，界面设计师的工作职责也会包含其他相关的工作内容。这些工作包括用户研究与用户画像、信息架构设计、故事板设计与原型设计、定义交互文档、定义视觉设计规范、市场化宣传等。

1.5.2 界面设计师的理论知识体系

界面设计跨界与交叉了非常多的理论领域，包括设计学、心理学、计算机科学、工程学等。重要的基础理论包括人机交互理论、可用性理论、认知心理与视觉心理理论、视觉设计理论等。如果一个界面设计师想有更多创新的设计输出，需要从这些基础理论中汲取营养。

1.5.3 界面设计师的职业个性

除了知识体系之外，培养恰当的职业个性也很重要。界面设计师属于创意类职业，需要有强烈的好奇心、活跃的思维和强大的沟通能力。另外同理心也很重要，这可以帮助设计师快速理解用户的需求，尤其是情感类需求。和其他创意类职业不同的是，界面设计师还需要有逻辑推导和规划能力，才能完成具有较强可用性的产品方案。

1.5.4 界面设计师的能力体系

界面设计师这一职业对工作中具有的能力要求较多，并且更新很快。从目前的主流职场需求来看，至少包含以下能力：产品思维与定义能力，主要是指对产品的理解、对需求的把握以及对竞争产品的了解；研究与分析能力，包括用户研究能力、需求分析能力、流程设计能力、交互框架定义能力、设计规范制定能力以及数据分析能力；原型设计与制作能力，包括低保真原型设计能力、高保真数字原型制作能力、用户可用性测试能力等；视觉设计能力，包括视觉趋势理解与风格表达能力、数字图形制作能力、数字动效制作能力等；基础素养与能力，包括沟通能力、展示能力、团队协作能力、领导力等。

1.5.5 界面设计师的工具包

所有的具体工作都需要工具的帮助才能完成，界面设计师的工具包内容也是非常丰富的。这些工具大多数指的是工作时使用的软件。**在设计研究阶段，**如果需要数据分析，设计师要使用Excel或者SPSS这样的统计软件或者在线统计工具。**在流程设计与交互设计阶段，**设计师需要使用Visio、Axure或者OmniGraffle这样的流程图软件。**在视觉设计阶段，**界面设计师常用的软件包括Adobe Photoshop（Ps）、Adobe Illustrator（Ai）以及专业的界面设计软件Sketch、Figma、MasterGo等；动效设计可以使用After Effects或者Tumult Hype等；三维视觉设计需要学会使用Blender、Cinema 4D（C4D）等软件。**在原型设计和可用性测试阶段，**目前比较主流的软件包括Axure、Principle以及视觉设计软件Sketch、Figma自带的原型功能。**在文档转移阶段，**需要使用的软件有蓝湖、PxCook等。**在前端开发阶段，**如果界面设计师需要和页面编程人员进行合作与交流，还需要了解HTML、CSS语言；另外，在游戏与三维交互领域，设计师需要了解Unity3D与UE虚幻引擎的一些使用方法。具体的工具包展示如图1-8所示。设计师需要在自己的核心工作领域掌握主流的设计软件，并跟随着新需求的出现，不断更新自己的工具包。

设计研究阶段	交互设计阶段	视觉设计阶段	原型测试阶段	前端开发阶段
• Excel • SPSS • Tableau	• 微软Visio • OmniGraffle • Axure	• Sketch • Figma • MasterGo • Photoshop • Illustrator • After Effects	• Axure • Principle • Sketch • Figma • MasterGo	• Html • CSS • JavaScript

图1-8 界面设计师的工具包

1.6 界面设计师的职业类型与发展

在信息产业和互联网行业高速发展的带动下，界面设计师成为职场里面炙手可热的职位。这一职位在不同的行业和领域有着不同的职业发展方向，对于初入职场的界面设计师而言，可以根据自己的兴趣与规划进行选择。主流的界面设计职业方向有以下几个。

1.6.1 IT公司或者互联网公司的UI设计师

大多数的界面设计职位在这一类的公司内。目前IT公司或者互联网公司都设有专业的用户体验设计部门，比较知名的如腾讯的用户研究与体验设计中心（IDC）、百度的移动生态用户体验设计中心（UEX）等部门。在这些部门中，界面设计师可以选择UI视觉设计师或者交互设计师的岗位。

UI视觉设计师： 主要负责为网站、移动应用、游戏等创建外观和视觉设计。他们负责创建用户界面（UI）元素，如图标、按钮、字体、颜色等，并使用不同的工具，如Photoshop、Sketch等进行创作，输出视觉规范。UI视觉设计师还需要与开发团队、产品团队和其他设计师合作，以确保设计的实现和整合。

交互设计师： 主要负责为网站、移动应用、游戏等创建用户体验。他们负责确定用户与产品进行交互的方式，并使用原型工具、流程图、动画等工具设计和模拟交互。交互设计师还需要对用户体验进行测试，以确保它是合理的、有效的和有趣的。他们与开发团队、产品团队和其他设计师合作，以确保交互设计的实现和整合。

1.6.2 传媒公司的数字创意师和内容设计师

数字技术与设计理念正在改变传统的传媒行业，尤其是广告业，新兴的数字创意师和内容设计师慢慢成为不可缺少的力量。

数字创意师： 主要负责创建和制作数字营销内容，如网站、社交媒体中的动态广告等。他们需要了解不同的数字媒体，并能够利用这些媒体为客户创造吸引人的内容。数字创意师还需要具有创意思维，能够创造出独特和富有吸引力的内容，并与客户、产品团队和其他团队合作，以确保所创建的内容符合客户的需求和要求。他们还需要使用不同的工具和技术，如Photoshop、After Effects、HTML等，以实现他们的创意想法。

数字内容设计师： 负责创建、设计和开发数字内容，包括网站、移动应用、数字媒体产品等。他们利用视觉元素、文本和交互元素来吸引和启发用户，以提高用户体验和提升品牌形象。数字内容设计师需要具备良好的视觉设计能力并对数字技术有深刻理解，以确保他们创建的内容是有效的、可用的和美观的。他们需要与开发人员、项目经理和客户合作，以确保项目按时完成并符合客户需求。例如数字交互插画师、H5广告设计师、交互动画设计师等，近年来这些职业的需求也呈现上升的趋势。

1.6.3 用户研究员和产品经理

大多数的产品开发企业都有用户研究员以及产品经理的职位。在传统制造业，这一职位会设立在企划部门；在互联网行业，一般都有专业的产品规划部门。

用户研究员：主要工作是通过观察、访问、调查和询问，来了解用户的需求、行为、偏好和对产品的反馈。通常使用多种研究方法，如访谈、问卷调查、用户测试、数据分析等来收集数据，并将这些数据分析、解读、汇总和呈现给开发团队、产品团队、设计团队和高级管理人员，以帮助他们更好地了解用户需求并进行决策。

产品经理：是一个重要的岗位，主要职责是负责整个产品生命周期，从开发新产品到上市销售。他们需要了解市场需求、竞争情况、用户需求以及技术限制，制定产品路线图，设定目标，指导团队开发产品，推动产品上市，并监控产品的表现。产品经理还需要与其他团队，如销售、市场营销、技术、客户支持等进行合作，以确保产品的成功。

1.6.4 界面设计师的职业发展

无论哪个职位，在持续发展的前提下，都可以在相关领域完成有价值的工作。界面设计师的职业发展一般分为以下几个阶段。

初级界面设计师：初级设计师负责设计和开发简单的交互界面，执行视觉设计规范，并在项目团队中与其他设计师和开发人员合作。

中级界面设计师：随着经验和技能的提高，中级设计师负责设计和开发复杂的交互界面和功能，并参与制定视觉设计规范。

高级界面设计师：高级设计师负责领导项目设计团队，并对交互界面的整体设计和开发负责，尤其要注重制定和推广视觉设计规范。

设计管理岗位：随着职业生涯的推进，界面设计师可能有机会进入管理岗位，负责领导和管理设计团队，并确保项目顺利完成。

专家级设计师：其最终目标是成为一名专家级设计师，在行业内享有很高的声誉，并可以提供独特的设计见解和建议。

本章小结

本章的主要学习任务是初步认识UI界面设计，需要掌握的内容包括：UI界面设计的基本概念，重点了解界面设计领域的术语；界面设计的历史与未来趋势；界面设计不同的设计流程与方法；界面设计师的知识结构和职业发展。

第2章 界面架构设计

知识目标 ● 了解界面架构设计的含义；了解界面架构的类型。
能力目标 ● 掌握界面设计中页面间架构设计、页面内架构设计的方法。
素质目标 ● 能够评价界面架构设计的优劣；熟悉界面架构设计的趋势。
重　　点 ● 界面架构的不同模式；界面架构设计的方法。
难　　点 ● 不同界面架构模式的差异与应用场景；界面架构设计方法的应用。

2.1 页面间信息架构设计

信息架构设计可以分为页面间信息架构设计以及页面内信息架构设计两个部分。页面之间的信息架构是指一个界面产品的整体页面结构，即每一个功能需要哪些页面的协同工作才能完成。页面间信息架构设计的主要方法是需求分析与任务分析，并使用纸原型或数字原型进行表达和测试。

2.1.1 需求分析

需求分析的前置工作为用户研究、市场分析以及竞品研究。设计师在了解需求之后需要对需求进行分级与分类，使用的方法一般是卡片和关系图表法。首先，设计师需要将需求编写在卡片上，统一使用“我需要×××功能”的句式进行表达；之后，将同一类型、有关联的需求进行聚类，形成需求组；然后，再将需求组进行聚类，最终形成需求树。在这一过程中，可以把相似的需求和不重要的需求删除，只保留核心流程作为页面结构设计的基础（图2-1、图2-2）。

图2-1　需求分析的过程

互动

分享

我需要及时分享深得我心的词句
我需要“分享”功能
我希望可以有人看到我的评论
我希望可以跟别人分享好的句子
我想要跟别人分享自己的感触
我希望可以有摘抄的资源
我需要浏览书评
我希望看到别人的标注
我想要看到别人的书单

与作者互动

我需要作者简介
我希望有和作者互动的功能
我希望能关注喜欢的作者
我希望可以有人对我们的想法加以指导
我需要第一时间得知我关注的作家的动态
我需要直播互动、送礼物等环节

交流圈

我需要建立读书交友圈
我希望介绍好书，可以和读者交流
我希望有实时图书交流群
我需要遇到有趣的书友
我希望可以交笔友
我希望互推书单相似的用户
我需要读完书能与同类人交流

辅助

笔记

我需要可以做批注的阅读过程
我希望可以方便做笔记
我需要可以总结批注（实时）
我希望可以自行批注

提醒功能

我希望能有提醒读书的功能
我需要告知我的读书时长
我需要番茄钟功能
我希望防止我沉迷，有时限

拓展功能

我需要语音读书功能
我希望美食&美妆书有视频教学
我需要“缓存”功能
我需要在线印制功能
我希望有私密书单功能

注释

我需要外文书译文
我需要外文书实时词典
我需要对涉及内容实时百度
我希望查阅资料方便
我需要一些偏僻字注音解释

免打扰

我需要免除外界打扰
我需要“勿扰”功能
我需要安静的读书环境

记录

我需要记录读书速度的功能
我需要记录读书数量的功能
我需要告知我的读书进度

读书背景音乐

我需要有适合读书的音乐
我希望有钢琴曲推荐

界面

主题风格改变

我需要有更多风格
我希望增加趣味性

界面优化

我希望有简洁的页面
我需要更好的排版格式
我需要我的书架分类更清晰
我需要操作方便的书签功能
我希望翻页更顺心便捷

护眼模式

我需要夜间模式
我希望光线能
满足需求

消费

福利

我希望有多读书奖励措施
我需要读书能带来额外收获

会员

我需要VIP会员福利
（文具之类的礼物）

推送

书籍推送

我需要根据我的喜好推书
我希望有好书推荐
我需要新书推送
我需要丰富的书籍周边推荐
我需要私人定制的偏好推荐
我需要个性化的书单推荐
我希望有记录和推荐功能
我需要及时更新的推送书单

广告

我希望广告少点
我希望好书多些，没用的少些
我希望没有广告弹出
我希望没有推广软件

资源类

我需要有图书商城功能
我需要购书链接
我希望读书不收费
我希望有海量外文书
我需要充足的阅读资源

排行榜

我需要与好友读书的数字排行榜
我需要畅销书排行榜

图2-2　需求分析的结果整理

2.1.2 任务分析

任务分析是基于需求分析的结果，确定任务目标，确定任务流程，识别任务障碍，识别任务所需的信息和具体操作等。任务分析最核心的工作是确定任务流程，即设计用户完成任务所需的各个步骤。另外一个重要的工作是识别任务所需的信息和资源，如数据、图像、功能按键等。任务分析的结果可以用流程图表达，按照功能模块进行流程的规划（图2-3）。

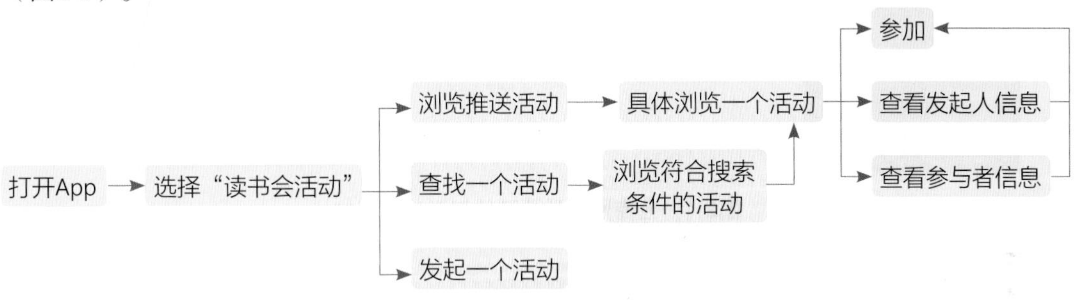

图2-3　任务分析的结果整理

2.1.3 页面间信息布局

当完成任务分析与流程设计之后，下一步需要进行页面间信息布局的设计，这一部分的重点是如何组织页面信息的关系。一般而言，页面间的信息组织关系可以分为树形信息架构、地图信息架构、时间轴信息架构以及社交网络信息架构等。

（1）树形信息架构

这是一种以层次结构为基础的信息架构。在树形信息架构中，信息被组织为一系列的父子关系，从顶层到底层进行排列和组织。这也是大多数界面产品页面的架构形式。树形信息架构使用分级菜单进行组织，在设计时使用递归的方式进行结构推导（图2-4）。

优势：清晰明了——树形信息架构提供了清晰、易于理解的信息层次结构；方便查询——树形信息架构使信息的查询和管理变得更加方便和高效；易于维护——树形信息架构使信息的更新和维护变得更加容易。

劣势：灵活性差——树形信息架构不够灵活，因为信息的划分很难满足多种不同的需求；用户容易迷路——如果信息划分不当，树形信息架构很容易出错；无法表示复杂关系——树形信息架构无法表示复杂的信息关系。

图2-4　电商网站是典型的树形信息架构

（2）地图信息架构

这是一种使用图形和图像的信息架构，它可以帮助人们快速理解信息的关系和结构。基于地理位置的一些App的页面组织往往是这种形式，典型的案例有打车、外卖等App产品（图2-5）。

优势： 直观易懂——地图信息架构通过图形的形式直观地表示信息的位置和关系，方便用户理解；方便查询——地图信息架构使信息的查询和管理变得更加方便和高效；适用于空间信息——地图信息架构特别适合表示空间信息，如地理位置、交通线路等。

劣势： 设计要求较高——地图信息架构对设计水平要求较高，需要支持地图制图、数据处理等视觉设计；数据处理效率低——地图信息架构的数据处理效率比较低，因为它需要处理大量的空间信息。

（3）时间轴信息架构

这是一种将信息按照时间顺序组织的信息架构，常用于展示历史事件或过程的发展。这种架构在社交网络类界面产品中应用较广泛，如微博、微信朋友圈等需要实时刷新的信息界面。也有一些软件按照使用流程组织信息（图2-6）。

图2-5　基于地理信息的服务产品

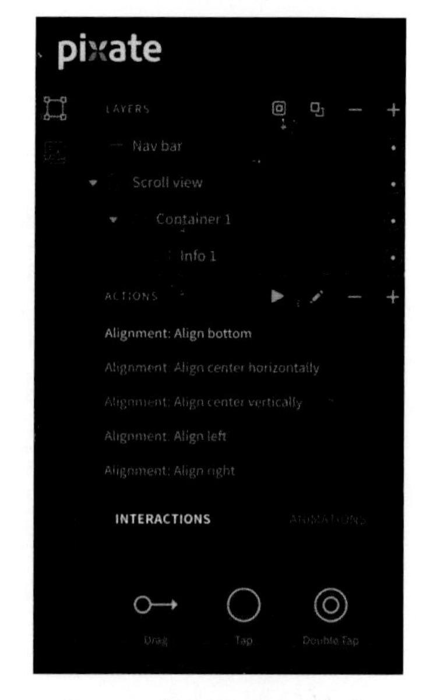

图2-6　按照使用流程组织信息的软件界面

优势： 方便理解——时间轴信息架构以时间为主线，方便用户理解事件的顺序和关系；显示历史记录——时间轴信息架构可以直观地显示历史记录，使事件的发展变得更加清晰易懂；方便比较——时间轴信息架构可以方便地对事件进行比较，如比较两个事件的先后顺序、时间长短等。

劣势： 不适用于复杂关系——时间轴信息架构适合表示单一的时间关系而非复杂的关系；难以表示并存关系——时间轴信息架构难以表示多个事件同时存在的关系。

（4）社交网络信息架构

这是一种以社交关系为基础的信息架构，它将产品页面信息中的人员、组织或事物之间的关系以图形化方式呈现。很多具有社交属性的产品都是以社交网络为基础进行信息架构的（图2-7）。

图2-7　按照社交网络架构的App界面

优势： 实时性——社交网络具有很强的实时性，用户可以在任何时间、任何地点通过社交网络发布和接收信息，这是其他信息架构所不能比拟的；交互性——社交网络的交互性非常高，用户可以通过社交网络与他人进行交流，分享信息和观点，从而增强人际关系；传播效率高——社交网络的传播效率非常高，信息可以在短时间内快速传播，从而影响到更多的人；可扩展性——社交网络具有很强的可扩展性，用户可以通过社交网络与更多的人建立联系，扩大社交圈。

劣势： 信息不完整——社交网络中的信息往往是不完整的，不能完全信任，因此用户需要谨慎判断信息的真实性；信息泛滥与隐私担忧——社交网络中信息泛滥，用户很难在众多的信息中找到有用的信息，并且会担心在使用社交网络信息时泄露个人隐私；信息过载问题——社交网络中的信息量非常大，用户很难在众多的信息中找到有价值的信息。

页面间信息架构最终的呈现方式为界面交互结构图，这一结构图可以完整展示出整个界面产品的全貌，并重点关注页面之间的关系和结构（图2-8）。

图2-8 页面关系的示例（作者：戚鑫）

2.2 页面内信息架构设计

页面内的信息架构与视觉设计相关，此部分为视觉设计提供了一个基础框架。页面内信息架构设计的核心是区分不同页面元素的功能，以及定义不同功能的页面元素之间的关系，并最终体现为页面的布局与每一个元素的视觉属性设计。

2.2.1 页面元素设定

页面内的元素可以分为全局组件、页面组件、窗口、导航等不同类型，具体类型的特征如下。

（1）全局组件

在交互界面设计中，全局组件通常指在应用程序的多个页面或场景中都可以使用的组件。这些组件通常具有一致的样式和功能，以确保用户在使用应用程序时有一致的体验（图2-9）。

假设正在设计一个电子商务网站，我们可能需要一个全局组件来显示购物车的内容，以便用户在任何页面上都可以方便地查看和管理购物车中的商品。在App设计中，全局组件还分为系统全局组件与App全局组件，不同的操作系统会提供相应的全局组件设计规范。

在设计全局组件时，需要考虑它们的功能和用法，以确保它们在不同的场景中都能正常工作。此外，还需要确保全局组件的样式与应用程序的整体风格相一致，以保持用户体验的连贯性。

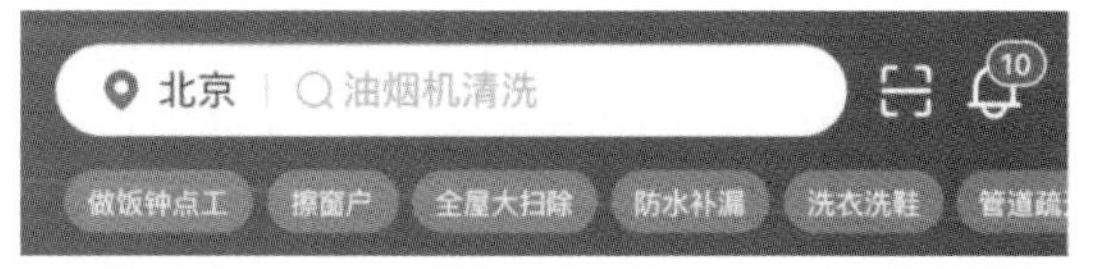

图2-9　全局组件示例

（2）页面组件

在交互界面设计中，页面组件是指用于呈现和处理信息的可视化元素，它们通过与用户进行交互来实现不同的功能和任务。以下是一些常见的页面组件概念。

按钮（button）：一种用户交互元素，通常用于触发一个操作或提交表单数据。**文本框**（text box）：一种用于接受用户输入信息的页面组件，通常用于输入文本、数字或日期等信息。**复选框**（check box）：一种用于允许用户从多个选项中选择一个或多个选项的页面组件。**单选框**（radio button）：一种用于允许用户从多个选项中选择一个选项的页面组件。**下拉框**（dropdown）：一种用于提供一组选项供用户选择的页面组件，通常在界面空间有限的情况下使用。**标签**（label）：一种用于标识页面组件的文本或图标元素。**图像**（image）：一种用于呈现图片或图标的页面组件，通常用于增强用户体验和可视化效果。**滑块**（slider）：一种用于在给定范围内选择值的页面组件，通常用于选择连续的数值或调整设置选项。**表格**（table）：一种用于显示结构化数据的页面组件，通常由行和列组成，可用于展示数据或进行数据筛选和排序等操作。**弹出框**（pop-up box）：一种用于在当前页面上弹出的独立窗口，通常用于展示详细信息、提示用户或提供操作选择。

图2-10　App页面中的组件示例

以上是一些常见的页面组件概念，不同的交互设计项目可能会使用不同的页面组件组合来实现不同的功能和任务。图2-10是App页面中常用的组件示例。

（3）窗口

在页面中，除了承载着各种功能的组件之外，剩余的内容都是给用户提供信息的窗口。页面窗口是应用程序中用来呈现信息的区域，它可以是一个单独的窗口，也可以是应用程序中的一个选项卡。页面窗口可以用来呈现各种类型的信息，例如文本、图片、视频、图表等。这一部分要根据不同的信息层级，通过设计手段进行层级的区分。窗口的类型包括以下几种。

全屏窗口：全屏窗口多用于视频与直播类界面，窗口占据整个屏幕，其他的信息、组件等元素分布在窗口的边缘。**对话框窗口：**对话框窗口通常是在应用程序主窗口上打开的小窗口，用于与用户进行交互。这种窗口通常用于询问用户是否要执行某些操作，或者要求用户输入一些信息。**工具栏窗口：**工具栏窗口是包含一组工具按钮的窗口，用于在应用程序中执行常见的操作。**浮动窗口：**浮动窗口是在应用程序窗口之外移动的小窗口。这种窗口通常用于显示临时信息，如剪贴板内容、工具提示等。**弹出窗口：**弹出窗口是在应用程序主窗口之外打开的窗口，用于显示额外的信息或进行额外的操作。这种窗口通常在用户执行特定操作时自动打开，例如单击链接或按钮。**抽屉式窗口：**抽屉式窗口是一种可以收缩和展开的窗口，通常用于显示更多的选项或信息。这种窗口通常位于应用程序主窗口的侧边栏或底部。**悬浮窗口：**悬浮窗口是浮动在屏幕上方的小窗口，用于在应用程序之间切换或执行快捷操作。这种窗口通常可通过鼠标、手势或快捷键进行拖动、调整大小或关闭。**分割窗口：**分割窗口是将屏幕分为两个或多个部分的窗口，用户可以在同一屏幕上同时使用多个应用程序或窗口。这种窗口通常在桌面系统中使用，也可用于移动设备上。**标签式窗口：**标签式窗口是一种在应用程序窗口中使用标签页来显示不同的内容或功能的窗口。这种窗口通常用于浏览器、文件管理器和多个文档之间的切换（图2-11）。

图2-11　全屏窗口（左）与抽屉式窗口（右）

（4）导航

在界面设计中，导航设计是非常重要的一部分，因为它能帮助用户在应用程序或网站中找到他们需要的内容或功能。导航标签应该清晰、简洁，有逻辑和层次，并与所代表的页面或功能相关联。菜单应该易于理解，使用户能够轻松地找到所需的选项。设计导航时使用图标和图像可以为用户提供更直观的导航体验。当标签和菜单与导航组合使用时，它们可以帮助用户更轻松地识别页面或功能。另外，要保持一致性，如果导航标签、菜单或布局在不同页面上有所不同，可能会让用户感到困惑，难以找到他们需要的内容。导航的类型也非常多，常见的有以下几种。

水平导航栏（Horizontal Navigation Bar）：通常位于页面的顶部，以一排链接或标签的形式展示网站或应用程序的主要部分，如主页、产品、服务等。**垂直导航栏**（Vertical Navigation Bar）：通常位于页面的侧边栏，以列表或层次结构的形式展示网站或应用程序的主要部分，类似于书籍的目录。**面包屑导航**（Breadcrumb Navigation）：是一种展示用户在网站或应用程序中所处位置的导航，通常位于页面的顶部或底部，以一组链接的形式展示用户进入页面的路径。这个名称源自童话故事，主人公按照自己扔掉的面包屑找到了回家的路。这种导航的优点是可以随时知道用户的位置。**标签导航**（Tab Navigation）：是一种通过标签切换内容的导航方式，通常用于展示一组相关页面或内容，用户可以通过点击不同的标签来切换页面或内容，多用在移动端界面设计中。**下拉菜单导航**（Dropdown Navigation）：通常位于水平导航栏中，用户可以通过鼠标悬停或点击水平导航栏上的链接，展开下拉菜单中的选项，以访问更多相关内容。**搜索导航**（Search Navigation）：这是一种特殊的导航方式，因为即使导航结构设计得再好，用户也可能难以找到他们需要的内容。在这种情况下，提供一个可靠的搜索功能，可以帮助用户快速地找到他们需要的内容。图2-12是某网站的面包屑导航与标签导航的组合使用方式。

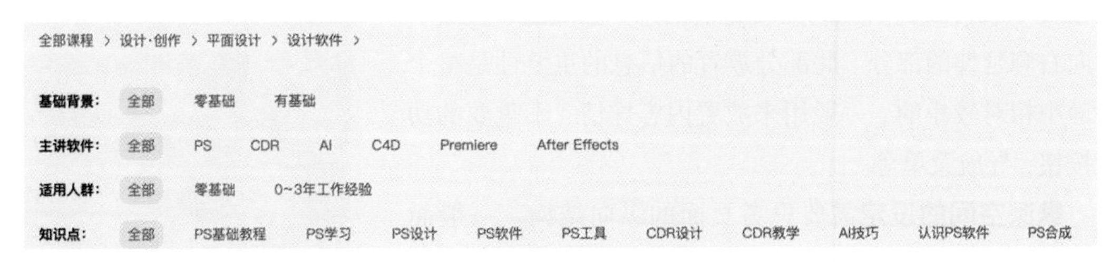

图2-12 面包屑导航+标签导航

2.2.2 页面内信息布局

（1）页面布局考虑的因素

页面信息布局是每个界面设计师最核心的任务之一。这里的布局只是从信息架构的角度思考与设计，而不是从视觉效果。布局时，需要考虑的因素如下。

信息的优先级：将信息按照重要性进行分类，将重要信息放在更显眼的位置，这有助于用户快速获取关键信息。**信息的关联性**：将相关信息放在一起，使用户在浏览页面时能够更容易地理解它们之间的关系。**平衡整体布局**：在UI界面中，不同的元素之间应该有一定的间隔和比例，以使页面看起来更加平衡和统一。这有助于用户快速找到所需信息，并提高页面的可读性和可用性。**突出重点信息**：使用颜色、字体大小、字重、形状等方式来突出重点信息，以便用户更容易地找到它们。

（2）页面布局的具体方法

页面布局的具体方法包含着两个关键步骤，即平面空间的分配与纵深空间的设定。

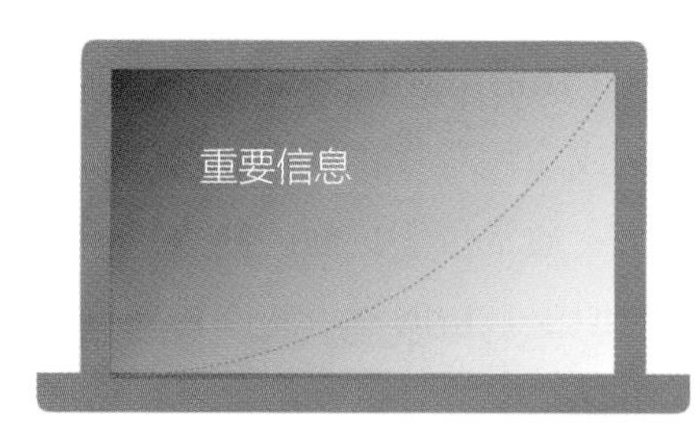

图2-13　重要信息应放置的区域

平面空间的分配需要依据页面元素的重要性进行，虽然不同的设备显示尺寸不同，但都遵循相似的原理，即从左至右、从上至下页面元素的重要性递减（图2-13）。

基于此原理，可以把屏幕页面分为三个区域（图2-14）。**区域一：**屏幕的左上角向右侧延伸的部分。此部分放置的信息，需要用户始终能够注意到，例如App或者网站的Logo、核心的功能按钮等。**区域二：**屏幕纵向的中心位置。此部分放置的信息会体现此界面的核心功能或内容。例如电商App的页面，在此位置上一般会放置核心功能图标，即俗称的"金刚区""瓷片区"；而桌面网页在此位置一般会放置重要的图文轮播信息。**区域三：**页面下部向右侧延伸的部分。此部分放置的信息的重要性是整个页面中相对较小的。一般用来放置内容详情、不重要的功能按钮、导航菜单等。

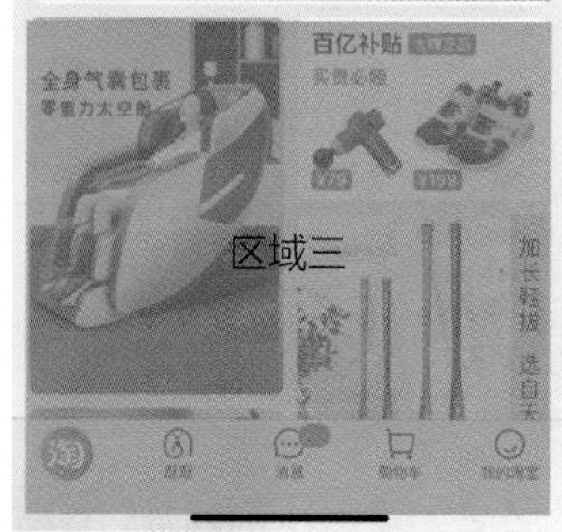

图2-14　电商App页面的三个区域

纵深空间的设定需要思考页面的纵向结构。一般而言，会把最希望用户看到的信息放在最醒目的位置，让用户第一眼就可以看到。视觉设计可以使用色彩对比、图形设计等方式，在屏幕上设定出纵深感，把不同重要级别的信息分别放置。

纵深层次不宜过多，一般可以分为三个层次（图2-15）。**纵深一：**纵深层次的顶层，放置弹窗、重要操作、核心信息等元素。**纵深二：**纵深层次的中间层，放置主体内容。**纵深三：**纵深层次的背景层，放置页面的底层背景，包括氛围图、导航、地图等元素。

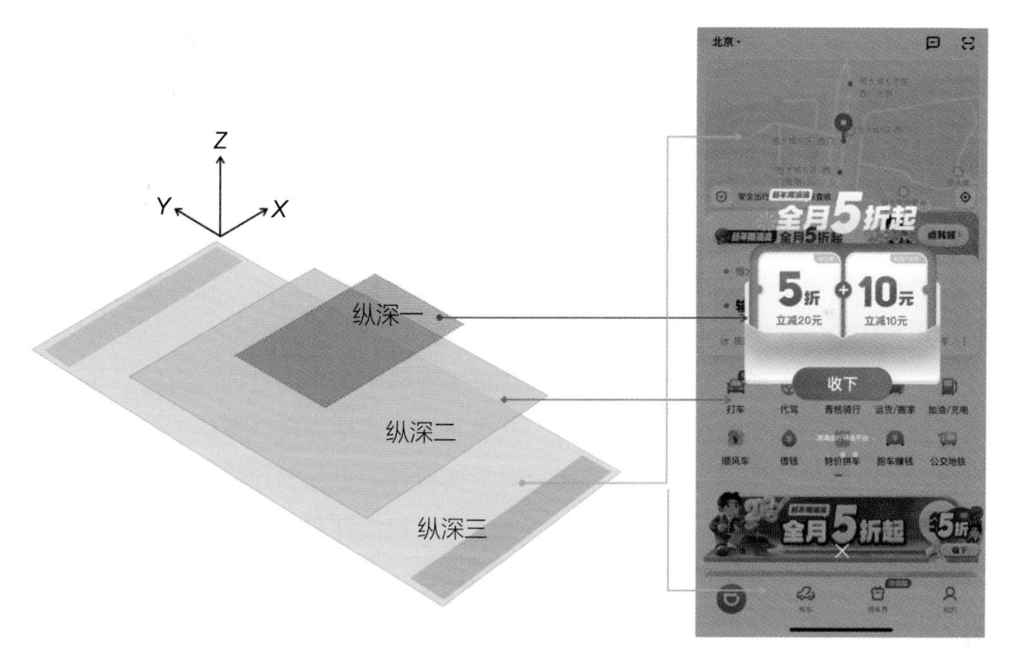

图2-15 出行软件的三个纵深层次

2.3 界面架构设计的方法

界面架构设计是未来界面视觉设计的基础，需要视觉设计师理解产品界面信息架构的基本原理和设置逻辑。因此在很多公司中，视觉设计师也要参与到前期的架构设计过程中，视觉设计师要想更好地理解交互文档，也需要深入地了解架构设计。目前，大多数的架构设计的结果是以原型的方式呈现，并通过不断的测试与迭代，输出最终的确定版方案。

2.3.1 原型制作

纸原型（Paper Prototype）和高保真原型（High-fidelity Prototype）是界面架构设计中常见的两种原型形式，它们在不同的设计阶段和目的下被使用。

纸原型是一种初步的、低成本的原型，通常在产品设计的前期阶段使用。它是用纸张、卡片、便利贴等简单材料手工制作而成的原型，主要用于快速验证产品的基本交互方式和流程，评估用户体验，寻找设计存在的问题，方便进行快速迭代。纸原型通常具有较少的交互细节和视觉效果，因此不适用于测试产品的视觉设计和复杂交互。

高保真原型则是更加细致、具有高度交互性的原型，通常在产品设计的后期阶段使用。它可以通过各种数字化工具（如Axure、Sketch、Figma等）制作，具有更高的设计精度、更多的视觉效果和交互细节。高保真原型可以帮助设计师更好地表达设计意图，更好地测试产品的视觉效果和交互细节，为产品的最终实现提供指导和帮助。

在设计过程中，纸原型和高保真原型通常是相互结合的，通过不断迭代、优化，最终实现设计的目标。

2.3.2 设计师走查

设计师走查是设计师对认知走查（Cognitive Walkthrough）法的具体实践，它具有低成本、高效率的特点，可以帮助设计师在设计初期发现和解决可能存在的问题，提高设计的质量和用户体验，在实践中应用非常广泛。

认知走查的流程一般包括以下几个步骤。首先需要明确界面设计的目标，如哪些方面需要被评估，哪些设计元素需要被检查等。其次是确定评估人员，评估人员通常是一些经验丰富的设计师或用户体验专家，他们需要对界面设计的目标和评估流程有充分的了解。最后是根据项目需要，设计评估任务。评估任务需要包括针对界面设计目标而设置的具体问题和任务，以便评估人员能够更好地理解界面设计并发现问题。在实施评估的过程中，评估人员按照评估任务，对界面设计进行评估。评估可以是个人完成，也可以是小组讨论，根据需要可以进行多轮评估。评估结束后，评估人员需要将评估结果进行汇总和总结，分析评估中发现的问题并提出解决方案。根据评估结果和总结，设计师或者团队需要对界面设计进行修改或改进，并在下一次的评估中验证这些修改的有效性（图2-16、图2-17）。

图2-16 团队对纸原型进行认知走查

	设备档案	加工统计	报警历史	故障案例	解决方案
界面					
逻辑层（层级分布、界面间关系、信息架构等）	贴近用户认知：更改信息的“确认”位置不合理，不符合视觉逻辑		实用效应原则：缺少时间筛选	实用效应原则：是否是自适应设计	
交互层（用户操控、反馈、容错性、易学性等）		1. 实用效应原则：下拉查询过于不便		1. 用户体验原则：界面转化存在问题（卡顿）	用户体验原则：界面转化存在问题（卡顿）
		2. 易操作原则：可以设计筛选时间图标，来选择查看时间范围		2. 美观实用效应原则：自适应界面设计老套	
信息层（视觉信息接收、版式、术语、文字识别、配色等）	美观实用效应原则：界面设计过于老套	1. 实用效应原则：四个图表逻辑界面排布混乱，不宜新手查看	1. 可视性原则：缺少可视化信息设计	1. 可视性原则：缺少可视化信息设计	
		2. 人性化帮助原则：数据显示过小	2. 美观实用效应原则：界面显示位置偏移	2. 一致性原则：交互方式和功能表达不一致	
		3. 一致性原则：顶部出现蓝色与黑色配色不一致的情况			

图2-17 高保真原型的走查记录

2.3.3 界面架构文档输出

本阶段需要输出界面架构文档，作为后续视觉设计的基础资料。设计团队可以根据每个项目的不同，确定输出的细致程度。一般而言，界面架构文档中的内容包括以下几个部分。

产品描述：包括产品的定位、目标用户群、核心功能等。**用户画像与场景定义：**描述用户如何使用产品以及与之交互的过程。**流程图：**用流程图的形式展示用户在产品中的操作流程。**页面间信息架构：**包括产品中各个页面或功能的层级关系和组织结构。**页面内信息架构：**包括每个页面的设计元素、交互方式和布局等。**交互细节：**包括产品中的各种交互效果和动画细节，如过渡效果、滑动动画、拖拽效果等（图2-18）。

图2-18 界面信息架构文档示意（作者：胡懿轩）

本章小结

本章主要介绍了界面架构设计的定义、原则与基本方法，需要掌握的内容包括：界面架构设计的定义与架构模式；页面内元素的类型、定义与布局原则；界面架构设计的流程、方法与输出内容。

第3章 界面视觉设计原则与规范

知识目标 ● 了解多种界面视觉设计原则的内容；了解界面视觉设计规范的基本概念。

能力目标 ● 掌握界面视觉设计原则的应用方法。

素质目标 ● 具有基于视觉设计原则的设计思维；培养视觉设计规范意识。

重　　点 ● 视觉设计原则的基本内容；常用界面设计规范的内容。

难　　点 ● 理解视觉设计原则的理论基础；在设计中应用视觉设计原则。

优秀的界面设计不仅满足功能需求，还注重用户体验。在设计用户界面和用户体验时，仅凭个人的主观感受很难保证设计的成功。界面视觉设计原则是设计师和开发者经过大量实践，共同摸索出的一系列设计准则。具体包括：格式塔原则、差异化设计原则、效率优先原则、简洁设计原则、防错原则等。此外，设计师还必须掌握界面所在平台的设计规范，掌握这些设计原则与规范可以让设计师少走弯路，创造出更加易用、易学、吸引人、愉悦的产品，从而提高用户满意度。

3.1 格式塔原则

格式塔原则（Gestalt Principle）是一种视觉心理学上的理论，它描述了人类感知和理解视觉信息的方式。该原则指出，人类倾向于把外部信息组织成一些具有意义的整体，而不是零散的部分。这些整体被称为“格式塔”（Gestalt）。在界面设计中，设计师需要利用格式塔原则，设计与控制用户的视觉流与认知，达到准确、高效传达信息的目的。常用的格式塔原则包括接近性原则、连续性原则、相似性原则等。

3.1.1 接近性原则

接近性原则是格式塔心理学中的一个原则，也是界面设计中使用最广泛的原则。该原则认为，人们的认知和决策往往受到周围环境的影响，当面对一个任务或问题时，人们会倾向于选择最接近或最相似的答案或解决方案。这个原则也适用于人们对信息和情境的处理。在实际的设计应用中，接近性原则可以帮助设计师设计出更符合人们认知习惯的界面和交互方式，以提高用户的易用性和满意度。

（1）强关联信息接近

将相似的、有关联的信息摆在一起，以便用户能够在潜意识中找到他们所需的信息。比如，登录界面的输入框与按钮通常会放在一起，无论人们使用哪个应用程序，人们都会在登录或注册页面上看到它们。这是因为输入框和按钮之间存在联系，输入内容后需要点击按钮来提交。因此，通常会在输入框附近放置提交按钮（图3-1）。

图3-1 登录界面

（2）重复出现

在信息流中，将靠近的元素组成一个单元组，当元素重复出现时，大脑会自动将其划分为一组。这时只需要留出空白即可实现信息分组，从而提高页面的透明感和质感。例如，在购物应用的推荐信息中，每张图片都与其标题配对，形成一个单元组，并在单元组底部设置了半透明以及带阴影的白色卡片背景。通过单元组的重复以及单元组之间的间隔，页面显得整齐有序，使用户能够更轻松地识别（图3-2）。

图3-2 购物应用推荐信息布局

接近性原则被广泛应用于页面内容排版以及分组设计中。这一原则在引导用户的视觉流和方便用户解读界面方面起着至关重要的作用。通过使用接近性原则，将同类内容进行分组，用留白间隔分开，从而提供给用户秩序和谐的视觉效果。此外，设计师通常使用分组框或分割线来加强屏幕上控件和数据显示的分组效果。例如，PPT工具栏就是通过分割线将不同功能组分隔开来（图3-3）。

3.1.2 连续性原则

用户在观察视觉元素时，倾向于将它们视作平滑连续的曲线和形状，而不是断裂和间断的部分。连续性原则是在人们的大脑中形成的自然趋势，因为它有助于用户快速有效地组织和理解视觉信息，从而更好地适应周围环境。在界面设计中，这一原则可以帮助人们组织和理解所看到的视觉信息。

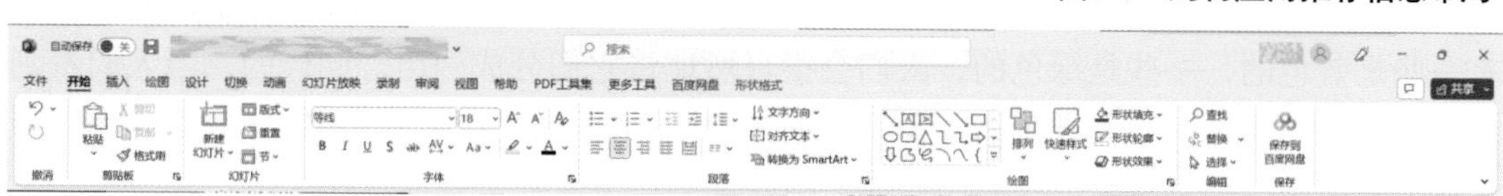

图3-3 PPT工具栏分割线划分不同功能组

（1）视线运动

控制视线运动是格式塔原则中连续性原则的主要应用，连续性原则可以帮助设计师通过界面设计控制用户视线的运动，从而让用户读取设定好的信息内容。在图3-4的设计中，设计师通过视线运动设计，让用户在观看图片的时候产生一个连续的视线运动，这样就可以关注到每一个关键信息。

仅仅
11.5毫米
就是
这么
薄

能实现如此出众的设计，M1芯片居功至伟，正是这首款 SoC 芯片，让iMac有了纤薄紧凑的机身，更便于在各种空间里摆放

M1芯片将中央处理器、图形处理器、内存等全部整合在一块芯片上。这种高度集成的设计，使整台电脑可以藏身于纤薄的机身之中，几乎不占多少空间

体重不到5公斤

图3-4　视线运动设计案例

（2）完整轮廓性

人们倾向于将不完整的图形视为完整的整体。例如，三角形的三条边不完整，但人们仍然会将其视为一个完整的三角形。在界面视觉设计中，这种格式塔原则有非常多的用途。例如界面背景图的设计，使用不完整的图像作为背景，可以让用户的大脑自动补齐完整轮廓，从而扩展界面的视觉面积（图3-5）。

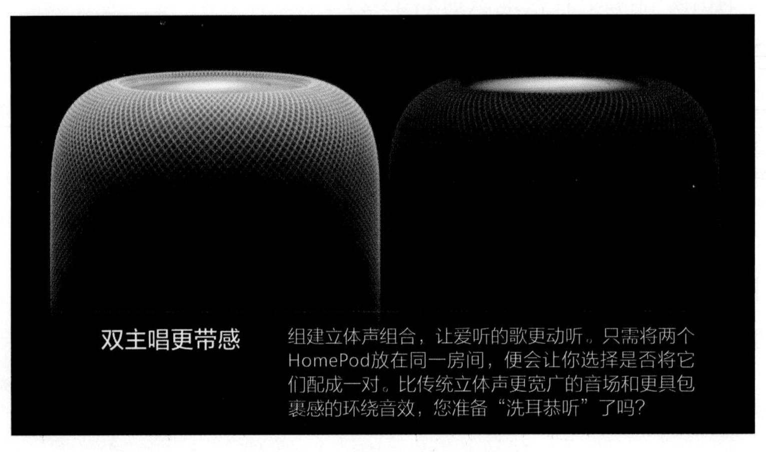

图3-5　完整轮廓性的案例

3.1.3 相似性原则

格式塔原则中的相似性原则是指当一组物体在形状、大小、颜色或纹理等方面相似时，人们会认为它们属于同一个群组。相似性原则是视觉感知中最基本的法则之一，它使人们能够将物体分组，并识别出在视觉上相似的物体。例如，当人们看到一组圆圈，其中有一些是蓝色的，一些是绿色的，人们会很自然地将它们分成两组。同样的，当人们看到一排大小不同的正方形，人们会按大小相似程度将它们分成几个组。相似性原则是界面设计的重要原则，因为界面设计对一致性、规范性的追求要高于其他设计领域。

相似性原则最主要的应用就是界面规范的制定。原则上，一个界面产品中元素的种类越少越好，这不仅可以减轻开发人员的负担，也可以让用户的学习负担最小。而把各类不同的元素尽量进行分组与相似化，是界面设计师重要的工作。图3-6中的设计规范，就是尽可能地将相近的元素相似化，从而减少整体设计的工作量，并建立统一的用户体验。

图3-6　设计规范的相似化

3.2 差异化设计原则

在界面设计中，只考虑一致性设计也是片面的。很多情况下，需要在界面中进行差异化的设计。差异化设计指的是人们在面对一系列类似或具有同质性的事物时，相较于其中的普通事物，记住独特或有特色的事物的可能性更大。简单来说，差异化设计就是应用“鹤立鸡群”的视觉效果。当存在多个相似的物体时，人们会注意到最独特、最与众不同的那个元素。例如，在记笔记时，人们通常会用黑色笔写普通内容，用红色笔来突出重点；在人群中，个子高的人往往会给人更加突出的印象。

在界面设计中，差异化设计原则的应用非常广泛。通过设计独特或特殊的界面元素，如颜色、形状、大小、位置等，可以吸引用户的注意力，并提高用户对这些元素的记忆度。例如，电视遥控器的电源开关按键通常置于左上方，在颜色上做成红色按键与其他灰色功能按键相区分，并且电源开关按键的大小也会比遥控器上其他圆形的按键要大一圈。这种设计能够方便用户快速找到按键并打开电视（图3-7）。

图3-7　电视遥控器红色电源开关按键

差异化设计应用类型分为两种：环境差异设计和经验差异设计。

3.2.1 利用环境差异让元素快速获得视觉焦点

环境差异是指在空间尺度上做出的差异（同一平面内），也称背景不同。在类似的环境中创造独特的差异，可以吸引用户的视觉焦点，提高元素或对象的辨识度和记忆度，并且增加点击率。例如，微信“我”–“服务”界面中“收付款”和“钱包”一栏图标的背景卡片使用绿色，而下方的图标编组卡片均使用白色作为背景。这种强化与对比，让每一个使用微信的用户都能深刻记忆“收付款”和“钱包”的位置，方便、快速地找到并出示付款码和使用钱包功能，如图3-8所示。哔哩哔哩客户端“推荐”中的视频，有层级之分，较为热门的视频内容会放大显示，并静音自动播放，以吸引用户的注意力，增加视频浏览量（图3-9）。差异性的选项会更容易让使用者记住。

图3-8　微信“我”–“服务”界面“收付款”和“钱包”一栏绿色背景

图3-9　哔哩哔哩客户端放大播放的推送视频

3.2.2 利用经验差异使用户记住特殊的时间点

经验差异是指在时间尺度上做出的差异（不同时间点的同一平面），也称经验不同。主要方式是强化时间特征，使之与用户过往的经验或记忆产生差异。放大时间点的特征，使用户对差异所在的时间点记忆更深。例如，“百度今日Doodle”是百度专门为特定事件主题所设计制作的百度Logo。每逢传统节日或重大活动时，PC端百度首页和手机百度首页Logo都会呈现相应主题，以此来传播有意思或有意义的节日，富有人文关怀的气息，让用户印象更深刻（图3-10）。

百度好奇夜

元宵节

教师节-典故“程门立雪”

元旦-2018新年班列正式出发

国庆节

文化和自然遗产日-榫卯

激情世界杯，狂欢仲夏夜

端午节

图3-10 “百度今日Doodle”相关Logo设计

进行差异化设计时，要强化某些部分的视觉特征以便用户能够快速识别和记忆。当存在多个相似的元素时，与众不同的那个更容易被记住。有效的设计方法是更改其中重要元素或想要突出的元素的色彩、形状、大小等常见属性，使用户能更快速地识别使用，提高其在用户记忆中的印象；或是突出不同组别的元素区域的背景差异，如背景颜色的深浅对比、界面留白比例等，使用户对某一块位置产生深刻的印象。

另外在设计时，需要抓重点元素强化差异，切勿在一组元素中强化差异数量过多。要有的放矢地选择需要突出的关键元素，强调其重要性。若强化差异的数量过多，反而会降低整体的设计美感和用户体验，过犹不及。因此，需要在强化差异的同时，掌握和保持好整体的平衡与协调性。

3.3 效率优先原则

效率优先原则是界面设计中非常重要的设计指引，这和很多其他视觉设计类别都不同。本质上讲，任何界面都承载着一定的功能。因此在设计时，尤其是设计功能性较强的界面产品时，用户的使用效率是首要考虑的。效率优先相关的设计原则包括费茨定律、希克定律。

3.3.1 费茨定律

费茨定律是保罗・费茨在1954年提出的，该定律是用来预测从任意一点到目标中心位置所需时间的数学模型。该定律提出后，在很多领域得到了广泛应用，其在人机交互领域的影响尤为广泛，通常被用来评估用户在屏幕上选择某个目标所需的时间。例如，设计师可以使用费茨定律来确定用户在界面上找到某个按钮所需的时间，从而更好地设计界面。

费茨定律认为，使用指示设备到达一个目标的时间与以下两个因素有关（图3-11）：

与当前设备位置和目标位置的距离（D）有关，距离越小，所用时间T越短；与目标大小（W）有关，目标区域越大，所用时间越短。

该定律可用图3-12所示的公式表示，其中a代表光标移动到目标大致所在区域的时间，b代表光标的移动速度。

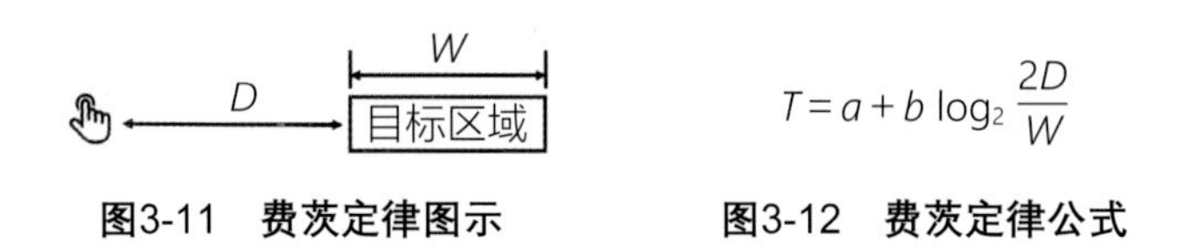

图3-11　费茨定律图示　　图3-12　费茨定律公式

费茨定律通常被用来解释鼠标（PC端）和手势（移动端）在界面中的移动规律。人们做出一个移动光标的操作通常需要两步：将光标快速移动至目标大致所在的区域；精细调节光标的位置以到达可点击的区域。结合费茨定律的两个要素可以看出，D在第一步中具有更为显著的作用，而W则主要影响第二步。所以，根据费茨定律，优化界面设计可以从以下几个方面入手。

（1）合理控制视觉元素大小

一般来说，元素越大，用户就越容易点击，交互时间就越短。但系统界面大小是固定的，如果人们增加某个元素的大小，那么为了平衡界面效果，其他元素就需要随之缩小。因此，在设计系统界面时，需权衡各个元素的大小，以找到合理的平衡点。

例如拼多多的产品详情页，底部通常有多个按钮元素，“单独购买”和“发起拼单”两个按钮元素相比“店铺”“收藏”“客服”等要大得多（图3-13）。这是为了进一步引导用户购买产品，所以加大这两个按钮元素。而且“发起拼单”的底色比“单独购买”的底色更深，做出层级区分，以引导用户产生“拼单更划算”的心理，激发其购买欲望。

图3-13　拼多多产品详情界面

（2）控制元素间距离

在设计同一界面交互元素的位置关系时，通常会关注用户在执行某个操作时的整个交互过程，并将相互关联的操作手势或元素之间的相对距离缩小，以减少用户执行操作所需的交互时间。

该原则最常见的应用就是系统右键菜单（图3-14）。作为用户，点击这类按钮后通常会有后续的任务和操作，因此这些任务都被安排在距离所点击的区域更近的菜单中。

图3-14　系统右键菜单

（3）边界位置利用

在系统界面中，边界位置通常是最显著的地方。因为不管光标如何无限向外移动，它都无法越过显示屏幕的边界线。因此，这些位置通常会放置一些比较固定的特殊元素（如菜单栏、按钮等），以便用户可以快速找到它们。

绝大多数工具软件（如Ps、Ai、Figma、C4D等）都会在屏幕的边缘或角落放置一些固有的特殊高频元素，例如属性栏、工具栏、菜单栏等（图3-15）。这样做是为了让用户可以快速找到目标元素，减少交互时间，从而提升用户体验。这种设计决策可以看作是一种优化。

图3-15　Ps操作界面

（4）逆向交互

费茨定律一般以正向逻辑应用在案例中，以缩短用户的操作时间。但在某些必要场景下，需要采取逆向的方法。举例来说，当需要用户谨慎操作时，可采取逆向的方式，即增加操作的复杂度，来引导用户谨慎操作。比如iOS系统中的滑动关机功能，通过延长用户关机的操作时间，以提醒用户此操作为不可逆，需要谨慎操作（图3-16）。

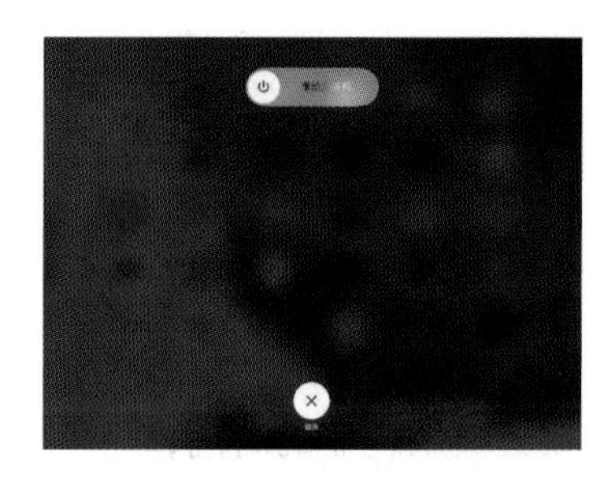

图3-16　滑动关机功能

逆向交互的另一个典型案例就是启动页广告跳过或弹出窗口的关闭按钮。这一般包含了开发商的推广广告、运营活动等内容。他们希望用户能够花尽可能多的时间去关注所宣传的内容，因此会将关闭或跳过按钮做得又小又隐蔽，以期让用户花更多的时间去寻找和点击它们。例如，某些App一般的启动页广告的跳过按钮就设置在界面的右上角，并且按钮设置得较小，用户稍有偏差就会点进广告详情页，以此达到开发商的目的（图3-17）。

图3-17　某App启动页广告

费茨定律是交互设计中常用的一个基础设计原则。通常在界面设计的过程中，需要合理控制各个元素的大小与相对距离，以缩小交互时间，提升用户体验。对于定律的逆向使用，也可以延缓用户捕捉到目标的时间，从而帮助用户谨慎操作。

3.3.2 希克定律

希克定律是一个关于用户反应时间与选项数量之间关系的心理学原理。该定律表明，当人们需要做出决策时，选项的数量越多，做出决策所需的时间就越长。希克定律最初是由英国心理学家威廉·希克在20世纪50年代提出的。在实验中，希克让参与者根据显示屏上不同数量的选项做出决策。他发现，选项数量的增加会导致决策时间的显著增加，二者的数学关系为$RT=a+b\log_2 n$。其中，RT是用户反应的时间；a是前期认知和观察的时间，b是认知信息后做出决策的时间；n是选项数量，随着具体执行的任务和执行任务的条件而变化（图3-18）。

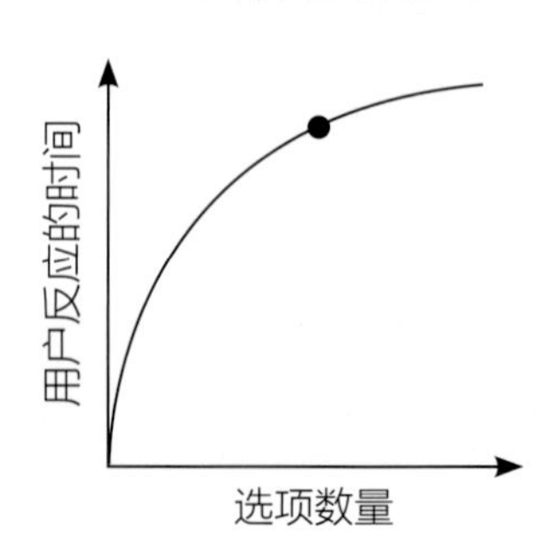

图3-18　希克定律图示

简单来说，希克定律就是帮助用户快速作出选择。当给用户提供太多的选项时，就会消耗更多用户识别和理解这些信息的时间和精力，用户需结合自己的需要才能做出决策，这会增加用户决策的认知负荷。当用户没有足够的精力或者无法作出明确的选择时，很可能会放弃选择。因此在设计中，需要尽可能减少信息量，让用户快速作出判断，并在保证用户理解的前提下简化用户界面和交互，以减少决策所需的时间，从而提高用户体验和效率。

图3-19　OPPO手机的闹钟提醒

（1）精简内容，提高决策效率

在保证用户可理解的情况下，需要尽可能减少需要判断的信息量，让用户快速做出决策。例如OPPO手机的闹钟提醒，在页面中只有时间和日期显示、“闹钟”文字提示、两个按钮选择（图3-19）。时间作为必要信息直白显示，日期辅助显示；“关闭”与“5分钟后提醒”两个按钮作为最重要的元素在背景色、空间位置上作出明显区分，划分为主要操作与次要操作，内容做到了最大化精简。这样二选一的成本，对于用户来讲很简单、很方便，决策成本最小。

（2）取消选择，降低决策成本

取消选择，并不意味着一个选择都没有，而是将选择权先交给设计方，替用户先选择一个选项，呈现给用户。这种被动式决策节省了用户思考的时间，助推用户更快速地与内容触碰。某短视频软件的“推荐”频道采用竖版全屏式布局，使页面呈现的内容框架极为简单（图3-20）。通过精准的算法推送符合用户偏好的视频内容，自动连播的方式能快速吸引用户的兴趣点，让用户沉浸其中。

图3-20　“推荐”视频界面

这种布局方式直观有序，且反馈高效，更容易让用户拥有沉浸感。用户也更愿意花费较少时间接受简单且有序的视觉效果刺激，去看呈现给自己更直接的惊喜。相对于普通的视频卡片点击播放，这种竖版全屏式布局不再给用户选择的机会，从而减少了用户的决策成本。然而，这种布局的使用，离不开精准的个性推荐技术，否则用户的注意力可能随时离开。

（3）逆向使用，增加操作成本

希克定律除了正向使用外，还可以逆向使用，即通过增加用户决策成本，从而增加撤销的难度，以维持数据等。例如，微博账户的取消关注设置（图3-21）。当点进某一个账户主体想要添加关注时，状态栏内的“关注”按钮会与栏内的其他图标作出明显划分，增加用户点击“关注”的概率。当想要取消关注的时候，原先鲜明的“关注”按钮变成了灰色的“已关注”状态，会给人不可点击的认知。并且“取消关注”和其他功能（“设为特别关注”“设置分组”“设置备注”）划分为同一层级，“取消关注”被置于最后一项。这在一定程度上增加了用户的操作成本和取消关注的难度，这种做法也是维持粉丝关注数量的一种方式。

图3-21　微博账户的“添加关注”与“取消关注”设置

精简内容，取消选择，每种设计手段都旨在更友好地向用户展示选项和功能，以帮助用户更快地决策和操作。希克定律的确很好理解和使用，但设计师也不应过度依赖，如果让页面中的所有内容都遵循这一定律，就会物极必反。希克定律也有其不适用的场合。可能在很多场景下，由于受到业务本身的限制，很难做到内容精简，希克定律也就不再是最适用的了。在这些情况下，人们不能为了遵循而遵循。相反，人们需要在具体场景中找到适当的解决方案，做出正确的设计。

3.4 简洁设计原则

与效率优先原则一样，简洁是大多数界面设计追求的效果。这里的简洁指的不单是风格，更多的是减少用户的学习、思考以及记忆的负担。与简洁设计相关的设计原则包括米勒定律、复杂性守恒定律、奥卡姆剃刀原理等。

3.4.1 米勒定律

米勒定律是美国心理学家乔治·米勒在20世纪50年代提出的一个理论。该定律指出，人类的工作记忆容量有限，最多只能同时处理7 ± 2个信息单元，如果再多就很容易出错，影响记忆的精准度。该定律也被称为“7 ± 2原则”。其中的信息单元可以是数字、字母、单词、符号等。

基于米勒定律的设计原则，在界面交互中，页面上的同级元素数量不宜过多，一般要控制在5 ~ 9个之间。另外一个例子是移动设备自动获取短信验证码。通常验证码的数量为4位或6位，方便用户记忆并快速填写（图3-22）。

除此之外，基于米勒定律还有一些拓展和应用延伸。尽管人类的短时记忆存在容量上限，但人们还是在寻找其他方式来拓宽这个极限。例如，通过拆解与再组合信息，以形成信息块来增加自己最终能够记住的信息单元数量。例如，在支付宝App输入卡号添加银行卡时，填写的卡号通常拆解为以4位为一个信息块的形式，方便用户记忆、输入与校验（图3-23）。这样做算是在体验方面起到一定的弥补作用。

图3-22 自动获取验证码　　图3-23 支付宝添加银行卡页面

米勒定律的主要研究对象是人类的短期记忆，其容量通常为7 ± 2个信息单元。在设计中，人们可以通过合理地拆解与再组合信息，形成信息块，从而降低用户的记忆负担。

3.4.2 复杂性守恒定律

复杂性守恒定律又称泰斯勒定律，它认为每一个事物或过程都有其固有的复杂性，存在一个临界点，超过了这个点过程就不能再简化了，只能将固有的复杂性从一个地方移动到另外一个地方（图3-24），这种复杂性只能转移而无法彻底消除。

▼ 临界点

用户操作复杂度	系统复杂度

产品整体复杂度

▼ 临界点

用户操作复杂度	系统复杂度

产品整体复杂度

图3-24　泰斯勒定律图示

（1）操作界面间复杂度转移

如图3-25所示，传统电视遥控器上的按钮有一大堆，各式各样，看起来非常复杂；智能电视遥控器的按键数量虽然变少了，但操作效率却提升了很多，外形上也变得更简洁直观，更具美感。由于遥控器复杂度的删减，电视界面就相应地会有复杂度的增加。普通电视界面比较简单，打开电视后能直接进入频道画面，而智能电视界面则拥有了较为复杂的交互系统。对于智能电视界面相对复杂度的增加，设计人员也进行了优化，让用户可以不使用遥控器，凭语音实现开关机、切换频道等操作，从而降低用户的理解成本与操作门槛。

图3-25　普通电视遥控器、电视界面向智能电视遥控器、电视界面的演变

（2）整合功能，界面简化

随着用户需求的不断增长，产品将会不断更新迭代，功能可能会变得越来越丰富和复杂。为了确保产品仍能提供良好的用户体验，设计师需要在不影响产品核心功能的前提下，尽可能地整合类似的功能，并简化用户界面的复杂性。通过这样的方式，保持产品的易用性和可靠性，使用户可以轻松快捷地完成所需操作。

微信界面右上角的“+”展开更多功能，就是将高频率使用的功能（“发起群聊”“添加朋友”“扫一扫”以及“收付款”功能）整合在聊天界面，并进行折叠设计，作为一个快捷的入口方便用户快速触达（图3-26）。

图3-26　微信“+”展开更多功能

（3）引入三方，优化流程

在某些任务流程中，可以通过引入第三方来优化和简化流程。在需要用户注册的产品中，由于用户信息通常具有唯一性，因此可以使用第三方同步用户信息，从而省略一些流程节点的操作。例如，腾讯会议App在登录时，就引入了很多第三方登录的方式，可直接用于个人信息授权，并在此同步登录使用（图3-27）。

图3-27　腾讯会议App第三方登录

在交互设计中，复杂性守恒定律被用于平衡用户复杂度和系统复杂度之间的关系。设计师应该尽可能将临界点往系统复杂度的方向转移，花更多时间去优化系统程序，优化系统复杂度，从而减少用户复杂度，提高用户体验。

3.4.3 奥卡姆剃刀原理

奥卡姆剃刀原理的核心思想为：“切勿浪费较多东西去做用较少东西同样可以做好的事。如无必要，勿增实体，即简单有效原理。”用一句话总结来说：只要用户可以完成任务，不要放置过多的干扰内容，简约至上。

在设计过程中，要深入了解用户需求，挖掘出用户实际需要的功能和特性，而不是凭空臆想，添加许多繁杂的功能让页面变得臃肿。在设计元素的选择上，应根据用户的使用场景和目的，选择最简洁、易于理解和操作的设计元素，以此帮助用户高效解决问题。

以同样的手机浏览器搜索功能为例，“夸克”的搜索界面除了常用的输入框及常用功能图标入口外，并没有其他更多的信息（图3-28）；而很多移动端浏览器的搜索主界面除搜索输入框外，还承载了过多的功能、内容，如配有新闻、广告等信息。

图3-28　“夸克”搜索界面

“夸克”去除了搜索界面上的冗余信息和视觉噪声，让用户更容易专注于当前任务，提高了主动检索获取信息的效率。利用大面积留白来创造平静、简洁的视觉效果，能让用户感到舒适、自然。使用留白来包围重要信息，在强调信息的同时，可以让用户的视线聚焦于关键内容上，从而提高用户体验。突出必要信息，使其更加引人注目，可帮助用户快速获取所需信息。用含有对比度的色彩、形状等元素，可制造视觉上的吸引点，从而让用户更容易注意到关键信息。当用户进入搜索页时，只做必要的任务——搜索，关注重要的信息。

奥卡姆剃刀原理之所以影响广泛、通用且高效，是因为它强调了信息量的适度和克制。过于复杂的设计往往令人望而生畏，而简洁的设计则更易于操作。因此，一个好的设计通常能够在复杂性与简洁性之间找到平衡点。设计师应该努力避免不必要的复杂性和烦琐的解释，而是尽可能采用简单、清晰的设计元素来传达信息。这样可以提高用户的理解和使用体验，从而更好地满足用户需求。与此同时，设计师也需要考虑到信息的完整性和精确性，确保设计不会损害信息的质量和准确性。

3.5 防错原则

防错原则最早应用于汽车领域，由丰田汽车工程师新乡重夫于20世纪60年代提出。防错原则是指在设计产品或系统时，考虑到用户的误操作可能导致的问题，采取相应的设计措施来减少用户犯错的可能性，从而提高产品的可用性和用户体验。

防错原则认为大部分的意外都是设计的疏忽，而不是人为操作的疏忽。用户在使用产品的过程中，难免会存在误操作或者误删除的行为。一旦这个行为产生了不可逆的情况，会导致用户体验差，并且给用户造成一定的损失。因此，在设计中应有必要的防错机制。在此要特别注意，在用户操作具有毁灭性效果的功能时，要有提示，防止用户造成不可挽回的错误。

3.5.1 引导提示

在错误行动发生前，引导用户向正确的方向操作。提醒用户正确的输入格式是一个非常有用的用户体验设计技巧，可以有效地帮助用户避免输入错误。例如，酷我音乐在注册时，注册页面每个输入框内会提示需要输入的信息内容，明确告知用户应以什么样的格式开始，防止不必要的错误产生（图3-29）。

图3-29　酷我音乐注册界面提示

3.5.2 及时反馈

系统应该及时向用户提供反馈，告知用户当前的状态和操作结果，避免用户犯错。及时反馈在整个交互过程中无处不在，不同的反馈方式有着各自特点和适合的场景。常见的及时反馈方式有悬停反馈、点击反馈、选中反馈、进度反馈、激活反馈等。例如，当开启多个浏览器界面栏目时，鼠标点击任务栏浏览器图标，会显示多个浏览器界面的缩略图和页面标题，以提前给用户提供各个界面的信息，确保一次就能选中并进入所需要的界面，减少用户犯错的可能，避免浪费时间（图3-30）。当要退出QQ空间“写说说”编辑时，会弹出“是否保存草稿”的提示，防止因误操作“一键退出”造成内容上的损失（图3-31）。

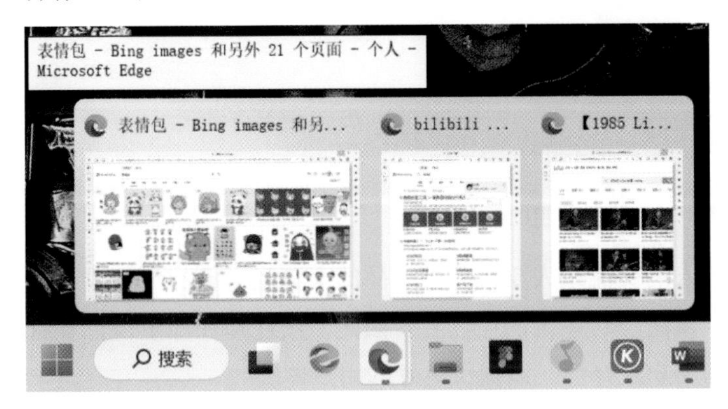

图3-30 任务栏选中浏览器图标界面

图3-31 QQ空间动态编辑退出确认

3.5.3 修改纠错

用户出错后，系统需要提供“撤销”的操作来帮助用户纠正错误。微信聊天的“消息撤回”就提供了修改纠错功能。用户发送了一条消息后，可在一定时间内撤回已发送的消息，使其在聊天记录中消失。在某些场景下，它可以帮助用户纠正发送错误的信息，避免因发送错误信息而引起的尴尬情境，在另一些场景下还带来了一些其他玩法（图3-32）。

通过设计向用户传递正确的工作模式，及时发出警告并让用户快速感知问题，可以在问题发生前减少用户犯错的可能，避免浪费时间。有效的设计方式是：设定不同颜色代表不同含义或状态提示；增加弹窗反馈提示；出错后为用户提供弥补提示等。除此之外，在展示错误提示的同时，也可以采用一些有趣的设计来缓解用户的不安情绪，例如优酷404页面的情境化设计（图3-33）。

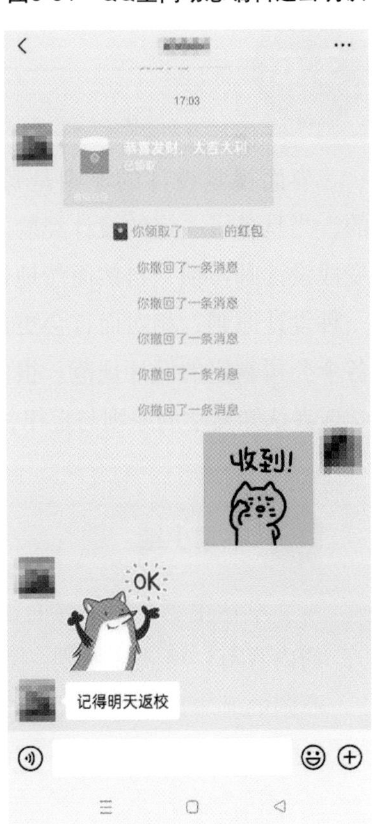

图3-32 微信聊天的消息撤回功能

图3-33 优酷有趣的404页面

防错原则的介入，能使产品与人的交流或人与人借助产品的交流变得更加流畅。遵循防错原则，可提高产品的可用性以及用户对系统的信任度。因此，设计师在注重设计本身的同时，更要注重设计的可靠性和用户友好性，以提供更好的用户体验。

3.6 界面视觉设计规范

界面视觉设计的原则是每个设计师都必须了解的，当具备了一定的设计经验之后，很多设计原则会变成设计师习惯，自然而然地被应用到设计中。还有一种设计原则，相对而言会更加明确和严格，那就是各个公司制定的设计规范。很多设计规范来源于心理学或者认知科学的原则与定律，具体见二维码。

▶ 拓展文档 ◀
苹果公司界面设计规范

▶ 拓展文档 ◀
阿里巴巴Ant Design设计规范

本章小结

本章主要介绍了界面设计师需要掌握的视觉设计基本原则与规范。需要掌握的内容有：格式塔原则、差异化设计原则、效率优先原则、简洁设计原则、防错原则的基本原理与应用；国内外公司的设计规范中关于布局、色彩、图标以及材质的设计指引。

第4章 界面视觉设计流程与方法

知识目标 ● 了解界面视觉设计的流程。

能力目标 ● 掌握界面视觉设计流程中的各种设计方法。

素质目标 ● 具备在界面设计团队中的合作能力；具备持续学习先进设计方法的能力。

重　　点 ● 界面视觉设计的流程；版式设计、色彩设计、图标设计的方法。

难　　点 ● 视觉设计中视觉风格的表达；设计方法的灵活应用。

4.1 界面视觉设计流程

界面设计师从产品经理或者交互设计师手中接过产品交互文档，任务就是将其转化为用户可以感知的界面，这里的感知主要是指视觉感知。转化的流程包括构思阶段的界面草图绘制、视觉风格的定义，以及实施阶段的版式设计、色彩设计、图标设计等。

拿到交互文档之后，第一个设计流程就是绘制草图。草图的形式通常是线框图与布局图，以确定页面的排版和元素的位置。这可以帮助设计人员更好地理解信息结构和页面布局。绘制草图可以使用纸和笔，也可以使用Procreate、SketchBook这样的软件在平板电脑上进行绘制。绘制草图的目的一方面是帮助设计师思考，另一方面是便于和团队成员进行沟通（图4-1）。

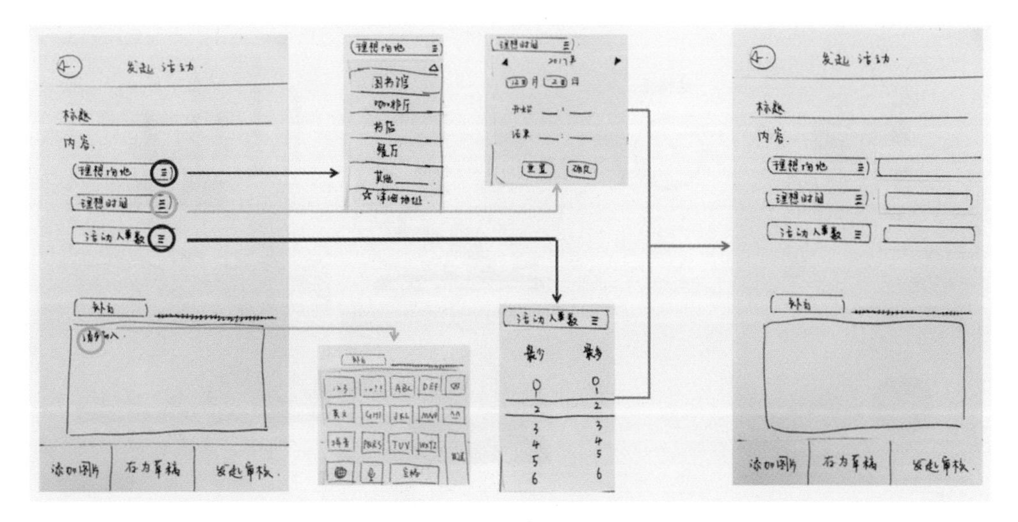

图4-1　界面草图的绘制

确定草图之后，设计师需要在软件中进行界面布局的设定。设定的过程可以基于官方提供的设计规范模板，也可以按照设计师的意图进行调整（图4-2）。

图4-2　界面布局的设定（作者：刘宇佳）

有了基本的界面布局，设计师下一步要考虑的是界面风格的设定。一般而言，界面的风格要遵循操作系统的规范，也要结合客户的品牌规范以及用户的接受程度。设计界面风格一般从定义风格关键词开始，通过对风格关键词的解读，提取出能够表达界面风格的具体文字描述，再通过画面进行设计意向的表达。这一过程需要设计师对视觉风格的精准把握和对设计意向的视觉想象（图4-3）。

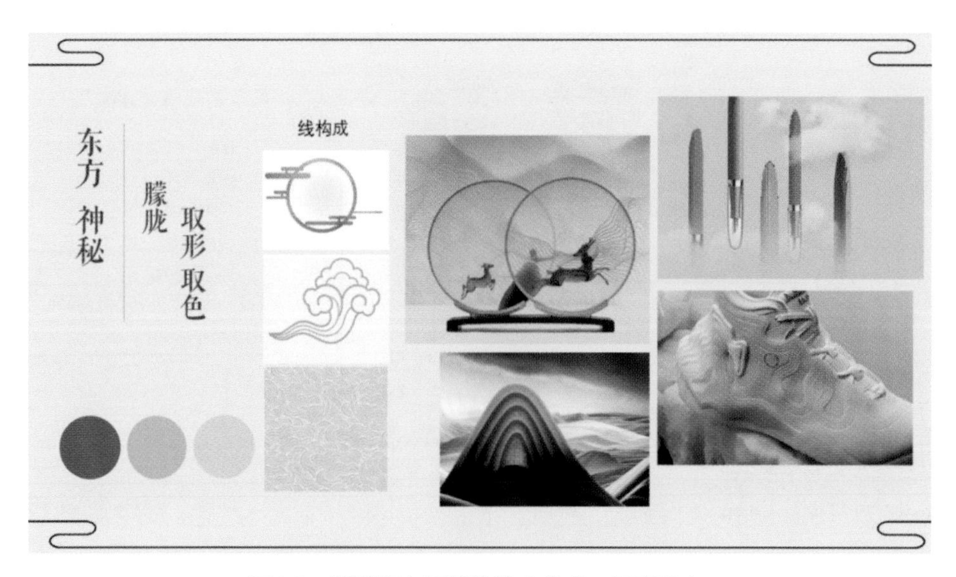

图4-3　视觉意向图的设计（作者：王青青）

视觉风格确定之后开始进行具体的界面设计，包括版式设计、色彩设计、图标设计、动效设计等。本章的后3个小节会具体介绍版式、色彩和图标的设计方法，动效设计将在第6章进行详细介绍。

4.2 界面版式设计

界面版式设计是指在设计界面时，将内容、功能和用户界面元素组织成一个整体的布局和结构。版式设计要求界面易于使用、可访问性高、吸引力强，并且符合客户的品牌视觉需求和视觉设计风格。界面版式设计的要点有很多，需要设计师在设计过程中慢慢积累经验。界面版式设计的总体原则是简洁而富有层次感，以便用户可以轻松地找到所需的信息。设计师应该注意到元素之间的空间和比例，以确保设计整洁、平衡和易于阅读。界面中文本和图像的排版也非常重要，需要细心布置以确保信息易于阅读和理解。最后，版式设计师应该考虑到用户的不同访问方式，例如不同的屏幕大小、分辨率和设备类型，并根据这些条件进行响应式设计。常用的版式设计方法包括栅格设计（grid design）和卡片布局设计等。

4.2.1 栅格设计

栅格设计是一种传统而又有效的版式设计方法，这种方法在手工绘制平面设计的时代就已经出现。栅格设计把页面分割成多个相等的列和行，将内容放置在这些列和行的交叉点上，以此来组织和布局页面元素。具体的栅格设计的方法包括以下几点。

确定栅格的列数和宽度： 在栅格设计中，通常会将页面分割成相等的列，设计师需要确定栅格的列数和每列的宽度。列数和宽度的选择应该基于页面内容的特点和用户需求，通常采用12列或16列的设计（图4-4）。在界面设计中，有时也会采用网格化的栅格设计（图4-5）。

图4-4　16列与12列的栅格设计

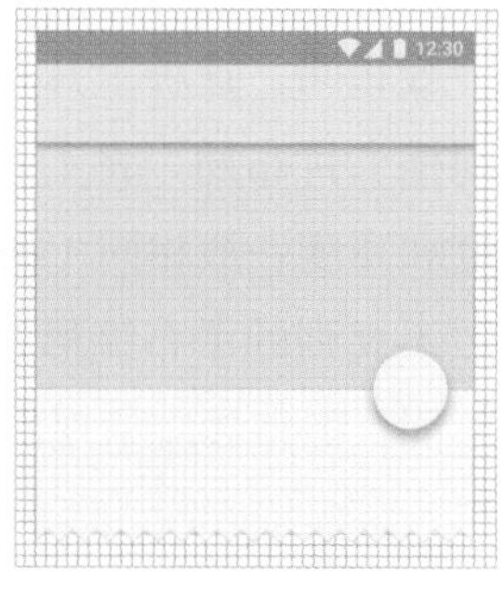

图4-5　网格化的栅格设计

使用间距和边距：在栅格设计中，设计师应该使用适当的间距和边距来划分页面元素。这些间距和边距可以用来调整页面元素之间的距离和位置，以实现视觉上的平衡和对齐。在界面设计中，边距设计需要采用宁大勿小的原则，可以给用户更多的视觉空间，避免视觉疲劳。

设定元素的尺寸和位置：将页面元素放置在栅格的交叉点上，这些交叉点是页面中唯一的定位点，可以确保页面元素在各种屏幕尺寸和分辨率下的正确布局。除非需要特殊的效果，尽量不要使用占半个栅格的设计方式。

元素对齐和对称：在栅格设计中，设计师应该利用对齐和对称的方式来创造整齐、统一和有条理的页面布局。页面元素对齐和对称，可以使页面看起来更加平衡和整洁。

考虑栅格的响应式设计：在栅格设计中，设计师应该考虑到不同的屏幕尺寸和设备类型，设计一个响应式的栅格布局，以确保页面元素在各种设备上都能够正确地布局和显示。栅格的模板可以在各大资源网站下载，设计师可以根据自己的需求设定不同的栅格系统，高效率地进行界面版式设计。

4.2.2 卡片布局设计

卡片布局是一种在界面设计中广泛使用的布局方式，它将内容划分为多个矩形块（称为“卡片”），每个卡片通常包含一个特定的信息或功能，可以滚动浏览或点击切换。因为卡片布局对设计者、开发者以及用户都非常友好，所以目前成为主流的版式设计的方式。以下是卡片布局的一些方法。

图4-6 垂直卡片布局

垂直卡片布局：将卡片按照垂直方向排列，每个卡片的宽度可以相同或不同，高度一般相同。一般这种布局应用在卡片内信息较多的设计中，用户需要通过不断地下滑来观看新的卡片内容（图4-6）。**水平卡片布局：**将卡片按照水平方向排列，每个卡片的高度可以相同或不同，宽度一般相同。这种卡片布局一般应用在宽屏幕使用场景中。**网格卡片布局：**将卡片按照网格形式排列，每个卡片的宽度和高度一般相同（图4-7）。**瀑布流卡片布局：**将卡片按照不规则的瀑布流形式排列，每个卡片的宽度和高度可以不同，但整体应呈现出流畅的视觉效果。

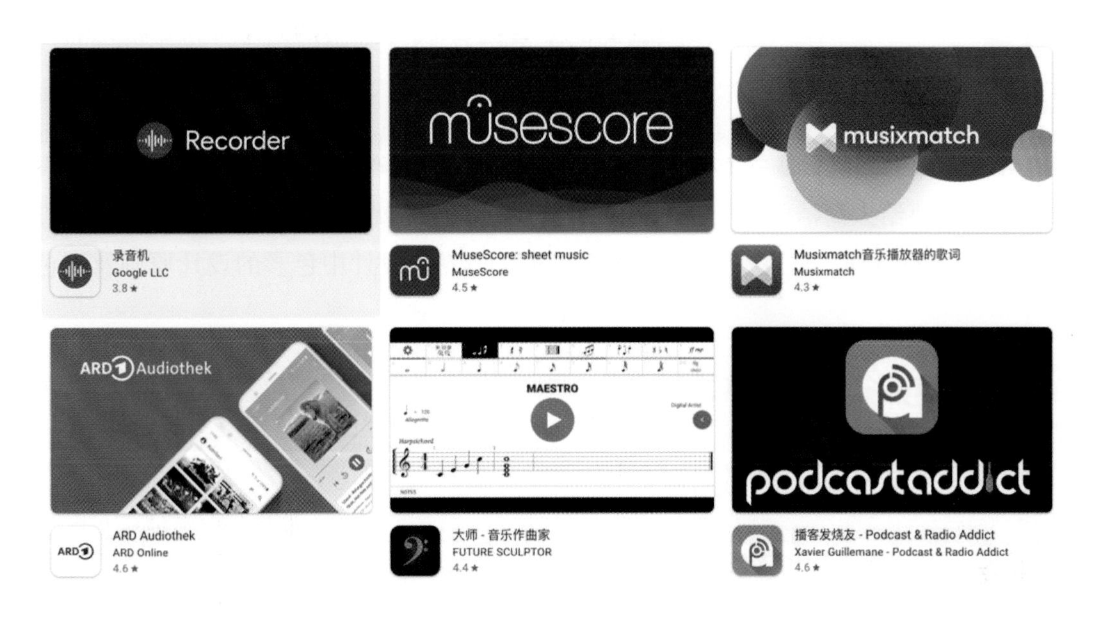

图4-7　网格卡片布局

卡片布局的优点是可以将内容分隔开来，使用户更容易理解和浏览，同时可以为每个卡片提供更多的空间和焦点，使其更加突出和易于点击。此外，卡片布局也可以使页面看起来更加整洁和有序，适合各种类型的应用程序和网站设计。但卡片布局也有一些缺点，当需要呈现大量内容时，可能会导致页面滚动过长，从而降低用户的体验感。因此，在设计卡片布局时需要考虑内容的数量和类型，以及用户的习惯和行为。

卡片布局的设计流程与方法也不复杂。设计师首先需要明确设计的目标和约束条件。例如，确定需要展示的信息、页面的颜色主题等。其次是确定卡片的大小和形状，卡片的大小和形状是卡片布局的关键元素之一，它们可以根据设计目标和约束条件来确定。例如，如果需要展示大量的文本信息，可以选择较大的卡片；而如果需要在有限的空间内展示多个卡片，则可以选择较小的卡片，也可以结合栅格设计的布局进行设定。然后是设计卡片内部元素，卡片中通常包括标题、图像、描述文字和操作按钮等元素。在设计这些元素时，需要考虑它们的排列方式和大小，以及它们在卡片上的相对位置和比例。同时，需要确保这些元素在不同设备上的显示效果良好，并且要保持卡片之间的一致性。最后，要考虑卡片之间的关系和排列方式，根据内容元素和显示屏幕的属性，选择水平或垂直方向的排列方式，或者使用网格布局，并确保不同卡片之间的距离适当，以便用户能够清晰地区分这些卡片。

4.3 界面色彩设计

在界面设计中，色彩是一个很重要的设计元素。运用得当的色彩搭配，可以为界面设计加分。界面要给人简洁整齐、条理清晰的感觉，依靠的就是界面元素的排版和间距设计，以及色彩的合理、适度搭配。本节主要讲解UI界面设计中色彩的设计原则及配色策略。

4.3.1 界面色彩设计的基本知识

（1）色彩的三属性

色彩的三属性是指色彩具有色相（H）、明度（B）、纯度（S）三种性质（图4-8）。

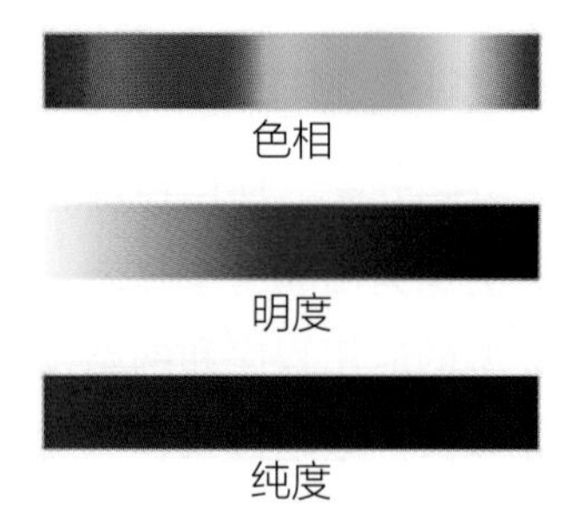

图4-8　色彩的三属性

色相：指色彩的相貌，是区别色彩的必要特征。例如红、橙、黄、绿、青、蓝、紫是日常中最常听到的基本色，在这些色中间插入一两个中间色，即可制作出12种基本色相（图4-9）。

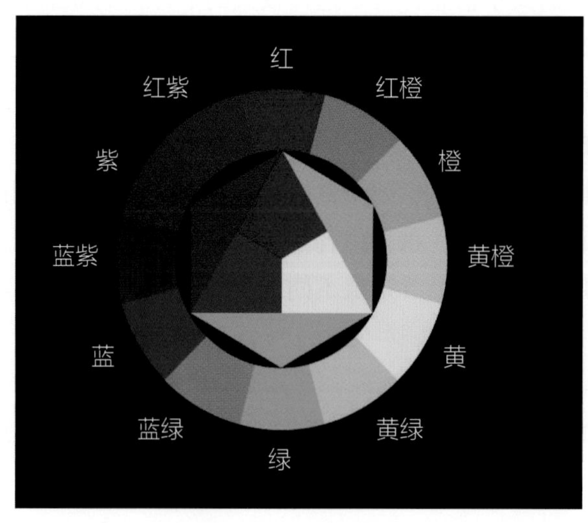

图4-9　十二色相环

明度：指色彩显示的明暗程度，即色彩的深浅和明暗度。色彩的明度越高，颜色越亮；明度越低，颜色越暗。

纯度：指色彩纯净、饱和的程度。纯度表示色相中灰色所占的比例，它用从0（灰色）至100%的百分比来度量（图4-10）。

图4-10 不同纯度的效果

（2）色彩的寓意

同一色相的明度和纯度不同，会使人产生不同的心理感受。在这里归纳整理了各种色彩在通常情况下代表的不同寓意，仅供参考。**红色**（red）：热烈、喜庆、热情、浪漫、危险。**橙色**（orange）：温暖、食物、友好、财富、警告。**黄色**（yellow）：光辉、明亮、尊贵、权力。**绿色**（green）：健康、自然、清新、希望、安全。**青色**（cyan）：朝气、脱俗、真诚、清丽。**蓝色**（blue）：平静、纯洁、清凉、科技、沉稳。**紫色**（purple）：神秘、高贵、优雅、浪漫、妖艳。**黑色**（black）：深沉、庄重、严肃、邪恶、死亡。**白色**（white）：纯洁、神圣、干净、高雅、冷淡。**灰色**（gray）：平凡、随意、苍老、冷漠。

图4-11所示是以红色为主的银行软件界面，图4-12所示是以橙色为主的美食类网站界面，图4-13所示是以蓝色为主的科技类网站界面。

图4-11 红色为主的界面

图4-12 橙色为主的界面

图4-13　蓝色为主的界面

4.3.2 界面色彩搭配原则

在任何设计领域，色彩的搭配永远是至关重要的。优秀的配色能带给用户完美的体验，让其心情舒畅，提升整个应用程序的价值。当多种色彩搭配使用时，用户可以通过色彩的色相、明度和纯度的变化，获得不同的视觉感受。一般界面的色彩搭配主要包括三种颜色：主色调、辅助色、点缀色，搭配比例为6∶3∶1。

界面色彩搭配要遵循以下五条原则，分别是色调统一、有重点色、色彩平衡、对立色调和、有生动性，下面详细介绍。

（1）色调统一

色彩会因为界面的不同而产生不同的情感。为了使界面整体达到和谐统一，应充分利用色彩这一界面设计中的重要元素。只有色调达到和谐统一，界面才能与用户产生情感共鸣（图4-14）。

图4-14　统一的整体色调

（2）有重点色

配色时，用户可以选取一种颜色作为整个界面的重点色，这个颜色可以被运用到焦点图、按钮、图标或者其他相对重要的元素中，使之成为整个界面的焦点（图4-15）。

图4-15　重点色为蓝色的界面

（3）色彩平衡

整个界面的色彩尽量少使用类别不同的颜色，以免眼花缭乱，反而让整个界面出现混杂感，界面需要保持干净（图4-16）。

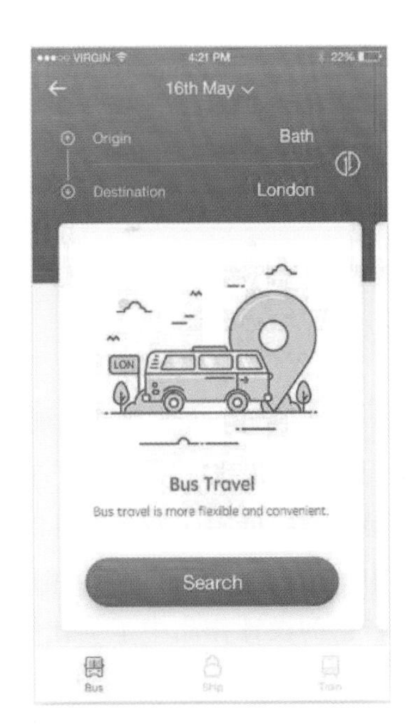

图4-16　色彩的平衡

（4）对立色调和

对立色调和是指浅色背景上使用深色文字，深色背景上使用浅色文字。例如白色文字配以黑色背景容易识别，而搭配红色背景则不易分辨，因为红色和白色没有足够的反差，但黑色和白色反差很大（图4-17）。

图4-17　对立色效果

（5）有生动性

在色彩设计时，应避免过于单调、没有变化、缺乏氛围。在色彩面积、色相、纯度、明度、光色、肌理等方面应进行有秩序、有规律的变化，给人以丰富的变化感，让界面设计更加生动（图4-18）。

图4-18　色彩的生动性

4.3.3 界面配色策略

色相对比是指两种及两种以上色彩组合后，由于色相差别而形成的色彩对比效果。色相对比的强弱程度，取决于色彩在色环上的距离（角度），距离（角度）越大对比越强，反之对比越弱。

（1）取色配色法

这种配色方法比较直观，也非常实用，在实际操作中搭配出的效果也非常好看。首先找到一张图片，这张图片可以是精美的摄影作品，也可以是绘画等，然后使用Photoshop中的拾色工具将里面的颜色提取出来，就可以直接运用到自己的设计作品中了。在提取之后还可以将其制作成PNG图片保存，制作出专属于自己的色卡，将来还可以使用（图4-19）。

图4-19　图片的取色

（2）同类色配色法

色环上相距 0° 的颜色为同类色，一般常用同一种色相的不同明度或不同纯度的组合方式，例如蓝与浅蓝、红与粉红等。同类色搭配对比效果统一、清新、含蓄，但也容易产生单调、乏味的感受（图4-20）。

图4-20　同类色配色界面

（3）邻近色配色法

色环上相距30°左右的颜色为邻近色，例如紫与蓝紫、蓝紫与蓝等。邻近色搭配对比效果柔和、文静、和谐，但也容易让人感觉单调、模糊，需调节明度来加强效果（图4-21）。

图4-21　邻近色配色界面

（4）类似色配色法

色环上相距60°左右的颜色为类似色，例如橙与黄、黄橙与黄绿等。类似色搭配对比效果较丰富、活泼，同时又不失统一、和谐的感觉。类似色配色也是常用的配色方法，和邻近色配色法比较相近（图4-22）。

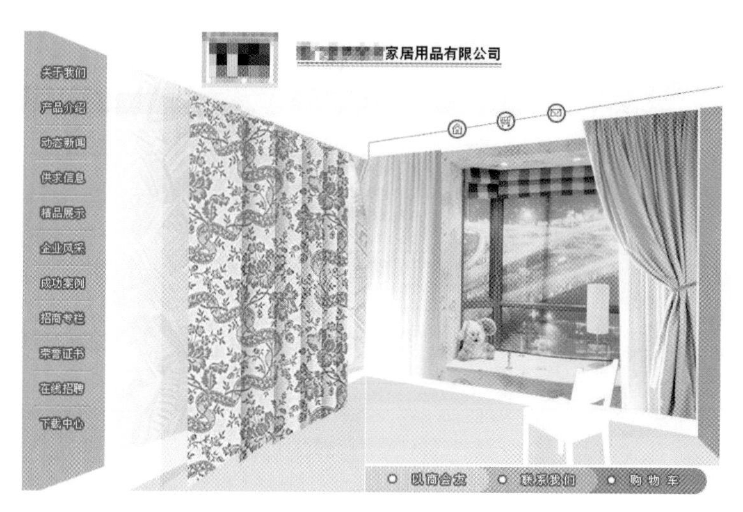

图4-22 类似色配色界面

（5）互补色配色法

色环上相距180°左右的颜色为互补色，例如红与绿、黄与紫等。互补色搭配表现出一种力量、气势与活力，具有非常强烈的视觉冲击力（图4-23）。

图4-23 互补色配色界面

色彩搭配技巧提示：在App界面中，尽量不使用过多的色彩。现在很多App都是偏工具类的，用户使用App的频率也相对较高，界面中过多的色彩会让用户抓不到重点，影响用户体验。因此，在一个界面中使用2～3种色彩进行搭配即可。

4.3.4 界面配色工具

设计师做UI界面设计时，经常会为了配色而苦恼。好的配色可以让我们的界面看起来更漂亮。下面介绍几个配色工具，帮助设计师解决配色难的问题。

（1）Adobe Kuler软件

Adobe Kuler是功能强大的配色工具，可以帮助设计师节约时间，也提供了很多免费的色彩主题，可以收藏并于下次使用。选择相应的颜色类型，可以出现颜色的类似色、补色、三原色、单色等，如图4-24～图4-27所示。相应的颜色数值也会显示。可以在网上下载该软件。

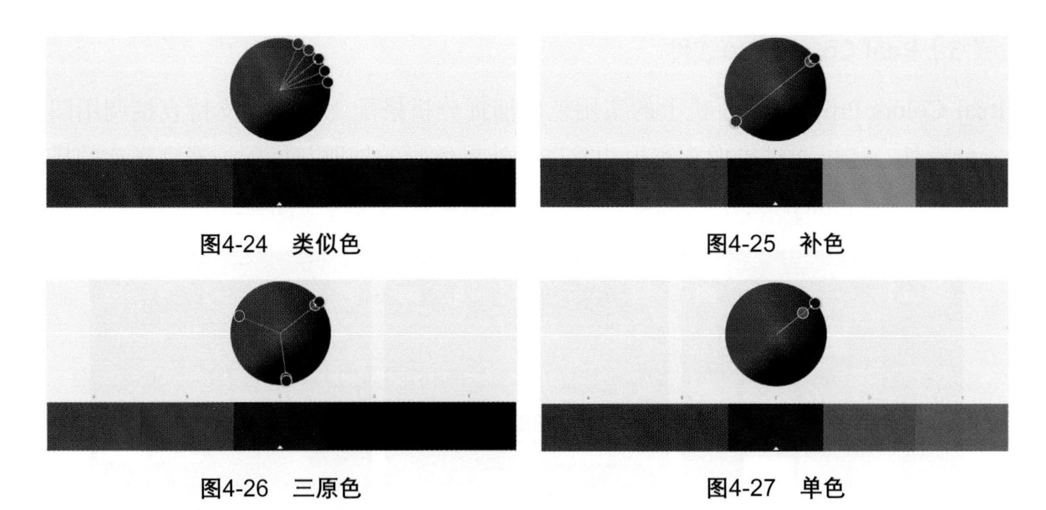

图4-24　类似色

图4-25　补色

图4-26　三原色

图4-27　单色

（2）ColorSchemer Studio软件

ColorSchemer Studio是一款强大的配色软件，用户可在网上搜索下载，在界面配色、取色、预览、方案分享方面都无可挑剔。软件的主要特色在于只需要设计师提供一种基色，就能快速找到与该颜色相关的色彩，为设计师提供设计灵感。

ColorSchemer Studio的界面非常简洁，下载安装完成后，随意地点击颜色盘或拉动旁边的光谱条，漂亮的颜色就出来了（图4-28）。软件界面左下角的小吸管可任意地吸取屏幕颜色并导入颜色盘，界面左边有光谱板，下边有调色板。复制颜色也相当自由，在界面任何有颜色的地方点击右键即可复制该颜色的RGB色和16进制色。

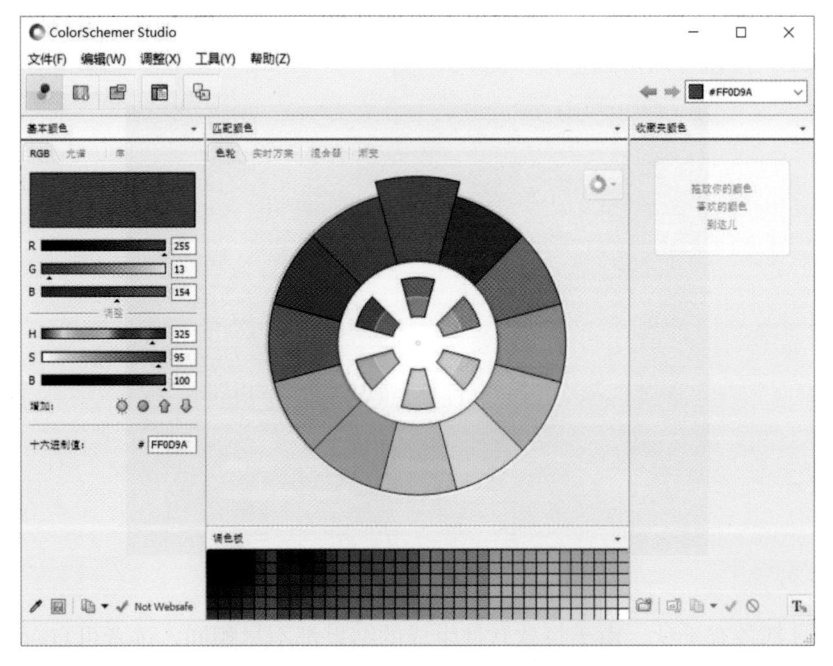

图4-28　ColorSchemer Studio软件界面

（3）Real Colors Pro软件

Real Colors Pro是一款手机上的实用色彩捕捉分析搭配工具。除支持直接调用图片进行色彩分析外，还可通过摄像头实拍功能进行外界色彩的抽取与搭配。遇到喜欢的搭配，可以保存到库（Library）中，在需要的时候调取出来作为参考（图4-29）。

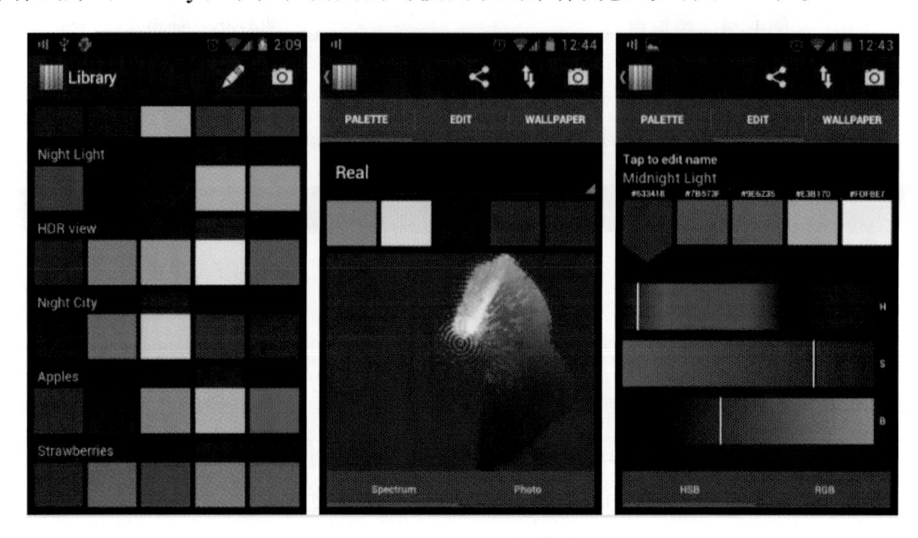

图4-29　Real Colors Pro软件界面

（4）Pictaculous软件

Pictaculous是MailChimp推出的配色软件，它可以从照片中获取配色方案。它的操作也比较直观，下载安装完成后，在界面点击“BROWSE”按钮选取图片文件，点击“GET MY PALETTE”按钮可以得到色板（图4-30）。

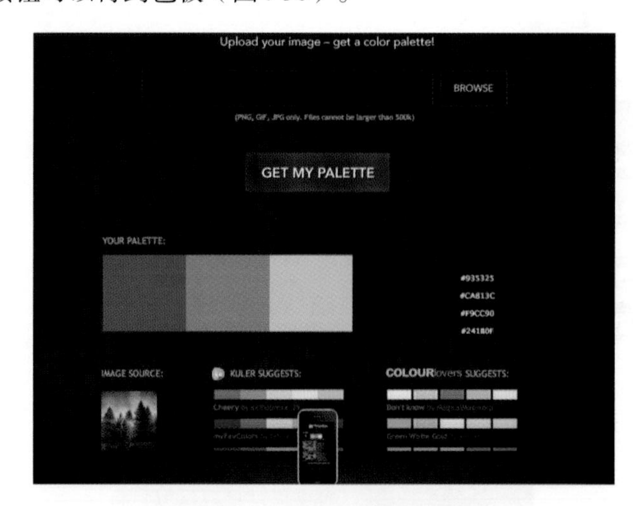

图4-30　Pictaculous软件界面

每个工具都各有千秋，由于每款软件生成的结果都不尽相同，读者可自行在网上搜索下载，从中筛选出最适合自己的取色工具。

4.4 界面图标设计

图标是界面设计中的点睛之笔，既能辅助文字信息的传达，也能作为信息载体被高效识别，并且图标也有一定的装饰作用，可以提高界面设计的美观度。本节对图标的基础知识和设计规范进行系统讲解。

4.4.1 图标概述

（1）图标的概念

图标，英文为“icon”，它源自生活中的各种图形标识，是计算机应用图形化的重要组成部分。从广义上讲，图标是指代意义的图形符号，是标志、符号、艺术、照片的结合体，也是图形信息的结晶，如图4-31中公共场所的指示图标。从狭义上讲，图标通常多应用于计算机软件中，如图4-32中的Windows桌面部分图标。

图4-31 各种公共场所指示图标　　图4-32 Windows桌面图标

（2）图标的分类

无论是iOS系统还是安卓系统的界面设计，图标都是一种比较重要的设计元素。目前，关于图标的类型并没有很权威的分类，但是可以根据图标的用途将其大致分为功能型图标和展示型图标。下面来简单介绍一下这两种类型的图标。

一般来说，凡在UI界面中用户可以点击的图标均可看成是功能型图标，此类图标往往代表某一功能或某一链接的跳转（图4-33）。

相比功能型图标，展示型图标更加具有设计感，是独特的、有内涵的以及具备超高辨识度的。一般来说，展示型图标主要是应用程序的启动图标，该类图标代表了一款产品的属性、气质以及品牌形象等，也是用户首先看到的内容（图4-34）。

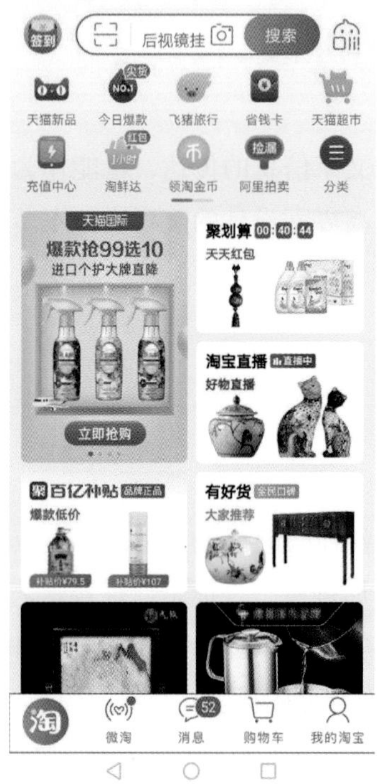

图4-33 功能型图标

图4-34 展示型图标

（3）图标的风格

图标的设计风格有很多种，如像素风格、拟物化风格、扁平化风格、微拟物化风格以及立体化风格等（图4-35～图4-39）。

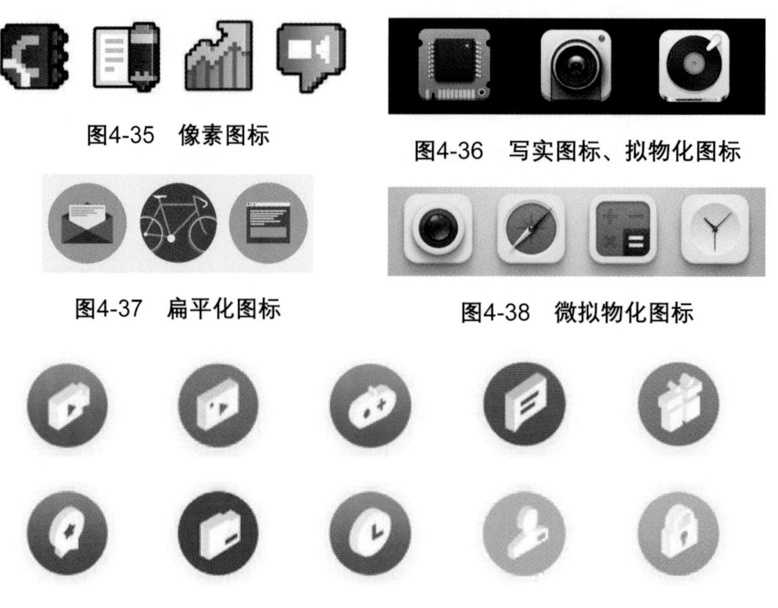

图4-35 像素图标

图4-36 写实图标、拟物化图标

图4-37 扁平化图标

图4-38 微拟物化图标

图4-39 立体化图标

4.4.2 图标设计的原则

（1）可识别性原则

可识别性原则应该是图标设计中首先应该遵循的原则。也就是说，设计的图标要能准确地表达相应的操作，让初次使用该产品的用户能够一看就懂，尽量避免误导性、歧义性。如图4-40所示的一组图标，其可识别性原则就体现得特别好，形状简单，效果简洁，甚至不需要汉字释义，就能够让人清楚地知道该图标所代表的操作。

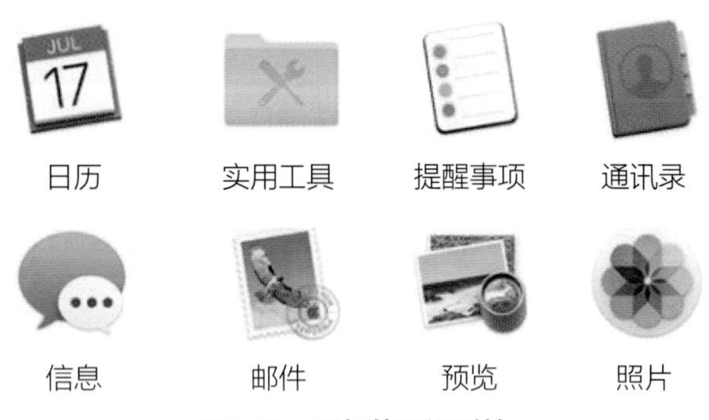

图4-40　图标的可识别性

（2）差异性原则

一组图标会出现在同一个手机的主题中、同一个应用程序中，这种同一性要求这组图标有共性。如图4-41所示的一组图标，图标的外形都是一致的，在统一的外形中再添加元素对图标进行区分。在设计这种类型的图标时，要注意图标的差异性原则，要能够很容易地辨识出每个图标所代表的含义。

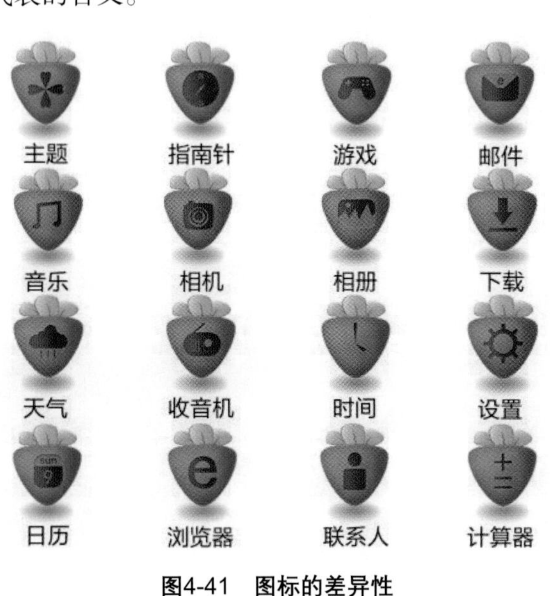

图4-41　图标的差异性

（3）合适的精细度和可用性原则

设计图标时，过于简单或过于复杂都不是很合适。如图4-42所示的一组代表“设置”的图标中，A图标过于简单，几乎看不到图形的变化；B、C、D图标虽然有颜色、细节表现等方面的区别，但是都属于能够接受的精细程度，可以表示该图标所代表的操作；E图标在细节表现上非常细致、逼真，但是应用到图标设计当中却显得过于累赘，尤其是当图标尺寸变小的时候，更看不清其细节。所以，五个图标中，B、C、D图标是可取的。

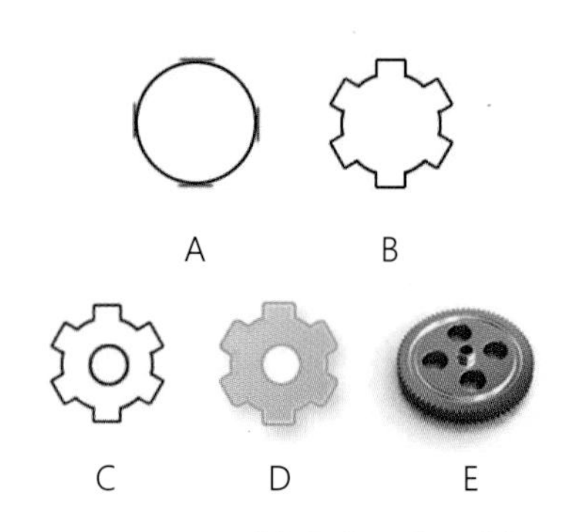

图4-42 “设置”图标示例

从上面的分析可以看出，图标的可用性随精细度变化的过程，是一个类似于波峰的曲线（图4-43），该坐标的横轴表示图标的精细度，纵轴表示图标的可用性。在初始阶段，图标可用性会随着精细度的变化而上升，但是达到一定精细度以后，图标的可用性往往会随着图标的精细度的变化而下降。

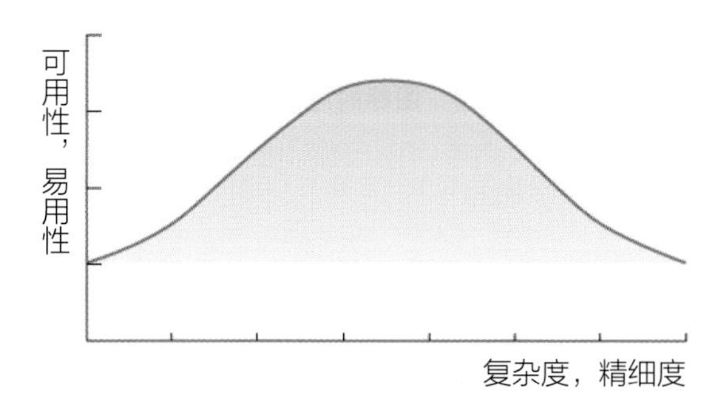

图4-43 图标精细度和可用性变化图

（4）风格统一原则

图标风格的统一指系列图标的视觉设计规则需要协调一致，风格鲜明一致，这样图标看上去会更具整体感，突出产品气质，同时提升用户体验的满意度。如图4-44所示的两套图标，它们都有自己统一的风格。

图4-44 图标的统一性

（5）原创性原则

原创性原则对图标设计师提出了更高的要求，并不是必要的。因为目前常用的图标风格种类已经很多，而易用性较高的风格也就那么多种。过度追求图标的原创性和艺术效果往往会降低图标的易用性。

4.4.3 图标隐喻设计

在图标设计中设计师会遇到很多抽象概念，比如菜单、返回等。这些抽象概念在自然界中很难找到确切的事物来表达，传统的直接表意使用户不得不花费大量的时间与精力去理解和操作。相较之下，具有隐喻修辞的界面图标设计可以化繁为简，将抽象的事物含义明确化，让用户更容易理解，显著地提高了人机交互的有效性和准确性。在本部分中，主要对图标隐喻设计的概念、类型与原则进行讲解。

（1）图标隐喻的概念

隐喻通常表示从一种事物联想到另一种事物，如谈到歌曲会联想到音符（图4-45）。寻找隐喻是图标设计的常用思路，在明确设计方向后，应根据功能，通过头脑风暴找到相关的物品，进行相关元素的收集。

图4-45 音乐图标的隐喻设计

（2）图标隐喻的类型

借物隐喻：在设计此类图标时，抓住相关物体的主要特征，在形状或颜色上尽量与原物体相近，准确借助原物体的形象来表达图标的含义。如图4-46中图（a）为现实中的照相机，图（b）为照相机图标。

功能隐喻：设计此类图标时从图标的功能出发，借鉴现实事物的特征，使用户对该图标的功能或者操作一目了然。如图4-47中图（a）为剃须刀的推拉开关，图（b）为开关图标，设计借鉴了现实中开关的推拉方式，直观地表达了图标的含义（开关）和操作方式（推拉）。

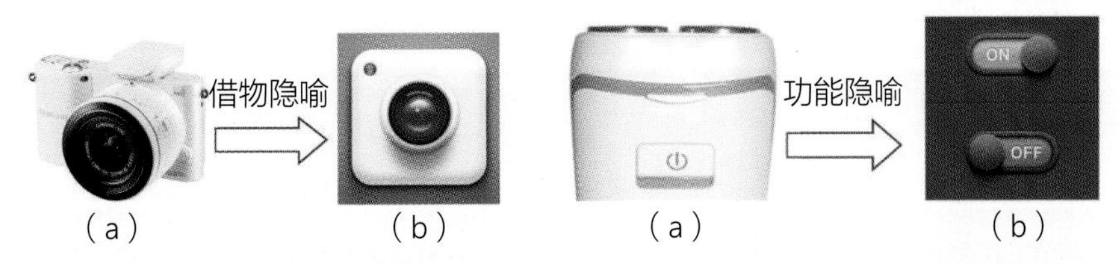

图4-46 现实中的照相机和照相机图标　图4-47 剃须刀中的推拉开关和开关图标

除以上隐喻外，图标的色彩隐喻也是提示用户操作的重要因素。通常情况下，如果界面中同时出现可操作图标和不可操作图标时，我们将不可操作的图标设计成浅灰色，而可操作的图标设计成彩色或黑色等常规状态下的色彩（图4-48）。

图4-48　图标的色彩隐喻

（3）图标隐喻的原则

在图标设计的过程中，要想充分隐喻，设计出高效易用的操作界面，通常要遵循以下几种隐喻原则。

使用通用隐喻图标图形：在界面设计发展过程中，已经积累了大量的经典隐喻图标图形，这些图标图形经过用户长时间的识别和使用，已经使用户形成了深刻的图形印象，如图4-49所示的充电图标的电池图形和播放图标的三角播放图形等。这类隐喻图标图形不需要再次选取新的隐喻事物来指代图标，我们只需要参考界面风格重新设计该隐喻事物的图形即可。

图4-49　电池与播放图标

选择易识别和认知的隐喻事物：形状是我们辨认和识别事物的基础，轮廓规则、形态简单的事物本身就更容易被识别和概括归纳，如房子、书本、汽车等。而有些事物轮廓不规则，形态复杂多变，不容易被识别和概括归纳，这类事物就不宜被选作隐喻图标的原型，如鸟巢、绳子等。

考虑文化差异：隐喻的基础是文化，不同文化背景下人们对事物的认识不尽相同。当用户群为普通大众时，尽量选择被广泛认同的隐喻事物。当用户群为特定目标群体时，就需要充分研究用户特征，选取适合目标用户普遍理解的图形符号，避免文化差异带来的误解。

总之，在图标设计中，需要先找到每个图标最合适的隐喻事物。在这个过程中，我们可以借助思维导图的部分思路进行隐喻事物的选取，将发散性思维以草图的方式清晰完整地记录下来，并掌握思维过程的脉络。这对图标设计中寻找隐喻事物有着显著作用。构建适宜的图标隐喻并不容易。有一些隐喻我们可以通过直接关联来构建，而有些复杂的概念就需要通过大量的图标设计实践积累经验，建立起良好的图标隐喻分析能力，探索出适合自己的图标隐喻构建方法，把握事物间的功能或本质关联，通过联想和归纳完成图标隐喻的构建。

本章小结

本章的主要内容是界面视觉设计的流程、方法和工具的讲解。需要掌握的内容包括：界面视觉设计的基本流程；界面视觉设计的方法，包括版式设计、色彩设计、图标设计等。

第5章 界面视觉设计案例

知识目标 ● 了解Sketch、Figma软件的使用方法。
能力目标 ● 具备使用设计软件进行界面视觉设计的能力。
素质目标 ● 能够获取并应用最新的界面设计风格；具备界面视觉的审美能力。
重　　点 ● 使用软件进行界面视觉设计的流程与方法。
难　　点 ● 使用软件对视觉风格进行准确的表达。

前面几章中提到了非常多的界面设计的原则、规范、方法，这些都需要使用界面设计软件来完成。目前界面设计领域的主流设计软件包括Sketch与Figma，传统的Photoshop、Illustrator，以及新兴的MasterGo等。这些软件都有着相似的功能与使用方式。本章选择Mac系统中常用的Sketch软件与可以在线使用的Figma软件，通过完整的界面设计案例详解，展示二者的操作思路与具体使用流程。

5.1 用Sketch设计与制作新拟物风格界面

Sketch是一款适用于所有设计师的矢量绘图软件。矢量绘图也是进行网页、图标以及界面设计的最好方式。除了矢量编辑相关功能外，Sketch同样添加了一些基本的位图工具，比如模糊和色彩校正。在本节中，将会以新拟物风格的界面设计为例，对Sketch的使用方法和技巧，以及如何使用Sketch设计新拟物风格的界面进行讲解。

5.1.1 新拟物风格界面设计

新拟物风格（Neumorphism）是一种介于扁平化和拟物化之间的新风格，主要通过光影的变化来突出内容的区域或模块设计，整体感觉相对于扁平化的设计来说，会更加具有视觉氛围和冲击力。

新拟物是在*Y*轴面不分离的情况下的物理化拟态。最基础的新拟物化效果有“凸起效果”和“凹陷效果”，两者的区别在于对光影的处理方式不同（图5-1、图5-2）。凸起效果使用外投影来实现，叠加层级依次为基层、亮投影、暗投影；凹陷效果使用内投影来实现，叠加层级依次为亮投影、暗投影、基层。亮、暗投影的数值建议偏移值形成正负并保持一致，透明度依据实际情况进行调整。

图5-1　新拟物风格的凸起与凹陷效果

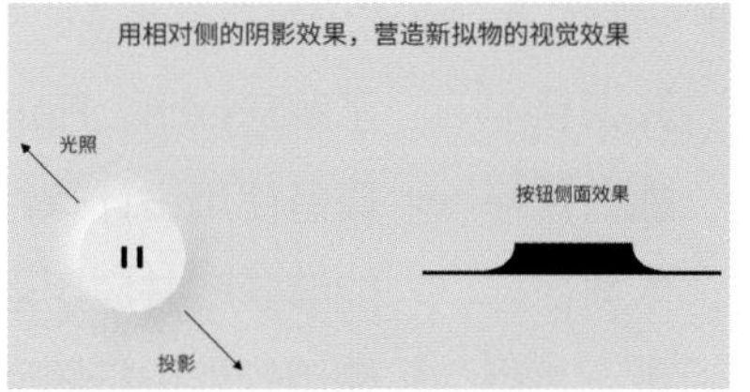

图5-2　新拟物风格的视觉特点

新拟物设计的色彩也应以立体风格为刻画目标，在此以深色、单色、渐变色进行尝试，整体上的处理方式都是以基层的颜色为基础对HSB颜色模式进行调整。深色与单色的处理方式较为一致，渐变色的投影或阴影则需要根据不同的颜色进行调整，来达到合适的效果。可以通过HSB颜色模式来进行微调，达到明暗投影的效果（图5-3、图5-4）。

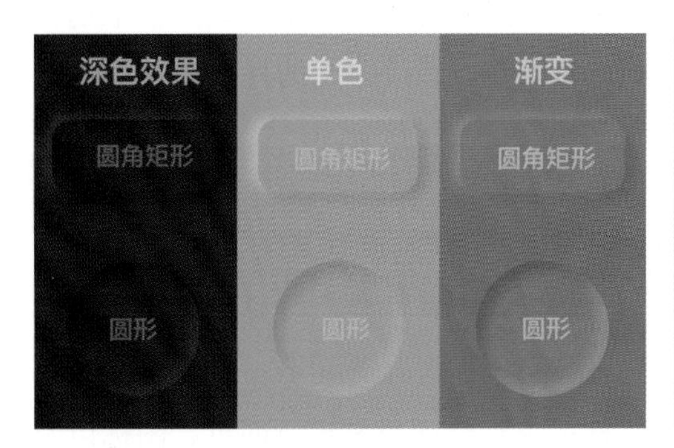

图5-3　不同色彩的新拟物风格刻画

图5-4　新拟物风格的基础色与投影色

新拟物设计的设计方式有增加描边、叠加模糊、增加彩色投影、叠加渐变、模糊边缘和增加图片（图5-5）。

图5-5　新拟物设计的设计方式

新拟物风格的原创设计师对新拟物化的“浅色版”和“深色版”控件规范进行设计（图5-6），基本覆盖了核心的界面设计控件。这种风格很适合控件设计，因为它可以很好地使用投影和渐变来打造物理化界面肌理。

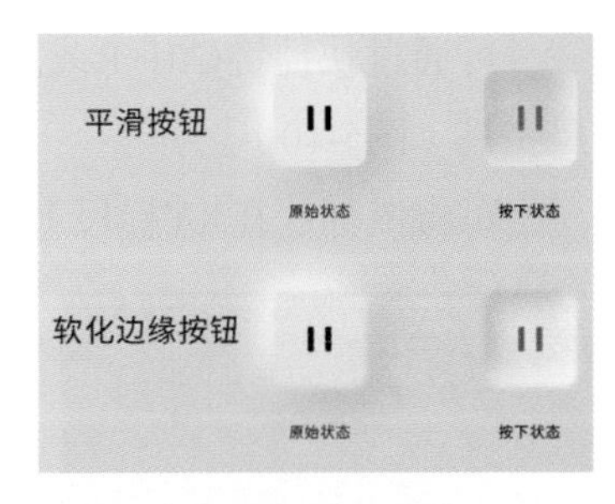

图5-6　新拟物风格的控件规范

5.1.2 案例实战

（1）新建文档

本次使用的工具为Mac平台的Sketch软件。打开Sketch，新建文档，整体界面可分为五大模块，分别为菜单栏、常用工具栏、图层列表、属性编辑器和工作区（图5-7）。

图5-7　Sketch软件界面

▶案例视频◀
新拟物风格界面设计

（2）界面icon（图标）制作

①创建画板

首先打开Sketch，双击“New Document”，创建新的文档。点击工具栏上的画板工具创建画板，也可通过快捷键A来快速创建画板。在右侧属性编辑器可选择画板尺寸，共有五个分组选项，分别为苹果设备、安卓设备、响应式网页、纸张大小和自定义（图5-8）。

当新建画板完成后，可选中画板，在右侧的属性编辑器更改画板尺寸，当前尺寸为宽375px、高812px（图5-9）。

图5-8　创建画板（1）

图5-9　更改画板尺寸

可通过快捷键Ctrl+R或者菜单栏的“视图”-“画布”-“显示标尺”来显示或隐藏标尺工具（图5-10）。

可将鼠标放在XY标尺上并点击，添加辅助参考线（图5-11）。

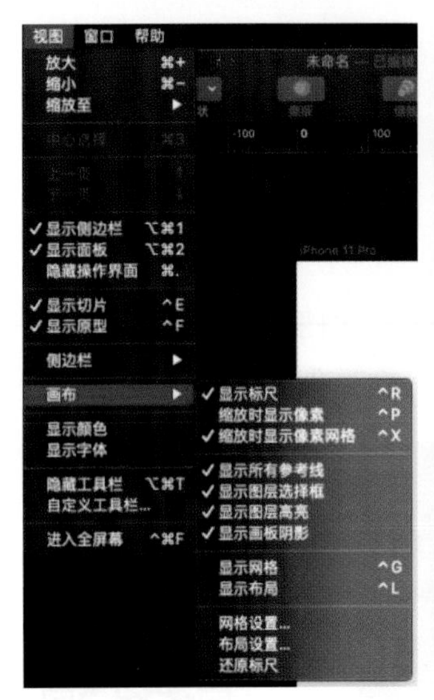

图5-10　标尺工具

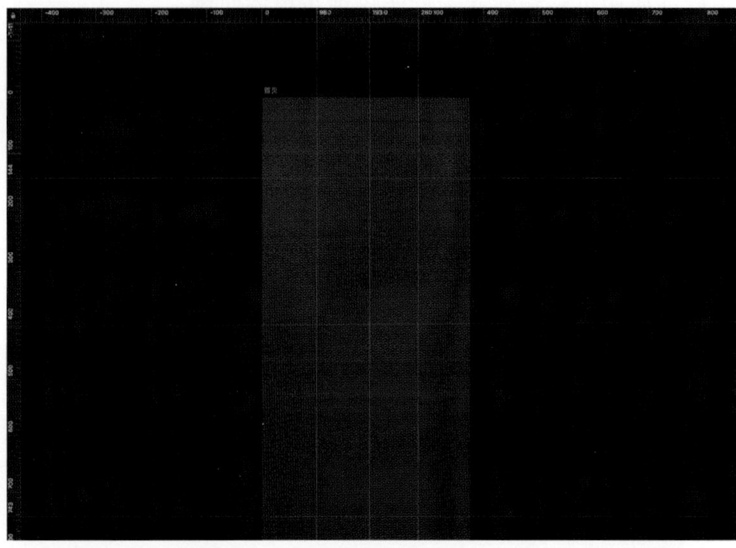

图5-11　添加辅助参考线（1）

②绘制icon网格

使用形状工具可绘制矩形、椭圆形、圆角矩形等图形（图5-12）。分别使用矩形和椭圆形，按住Shift拖拽鼠标，可绘制正方形和正圆形。绘制完毕后，在属性编辑器中的样式分组内取消颜色填充（图5-13）。点击边框颜色，将边框颜色调整为黑色#000000（图5-14）。由此得到图形边框（图5-15）。

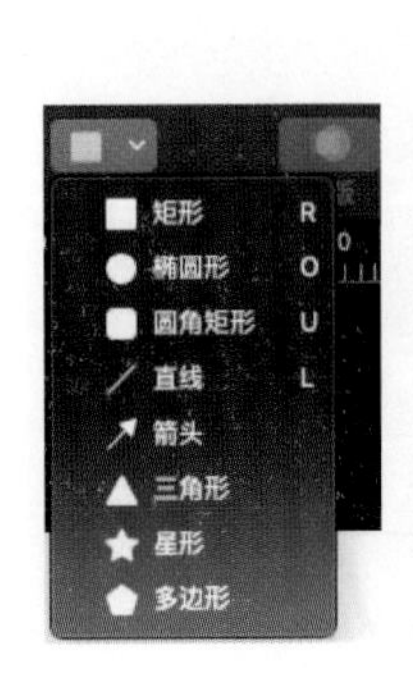

图5-12　形状工具

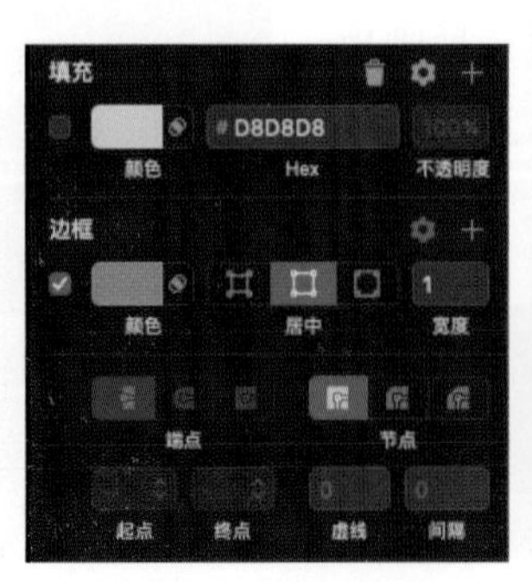

图5-13　填充属性

图5-14　图形边框填充

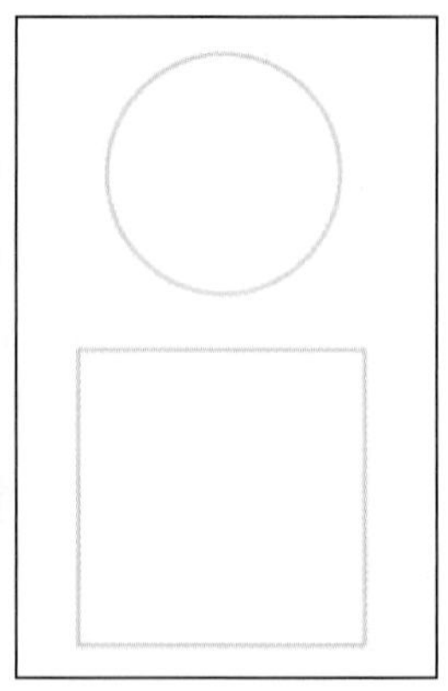

图5-15　图形边框（1）

待所有图形绘制完毕后，可选中所有图形，在属性编辑器最上方点击水平居中和竖直居中，绘制icon网格（图5-16、图5-17）。此icon网格可保证绘制的icon具有一致性。

根据新拟物风格界面的设计特点，需要绘制点击前后具有阴影变化的icon。点击常用工具栏中的矢量工具，类似于Ps或Ai中的钢笔工具，在icon网格中绘制“首页”icon（图5-18）。

图5-16　对齐工具

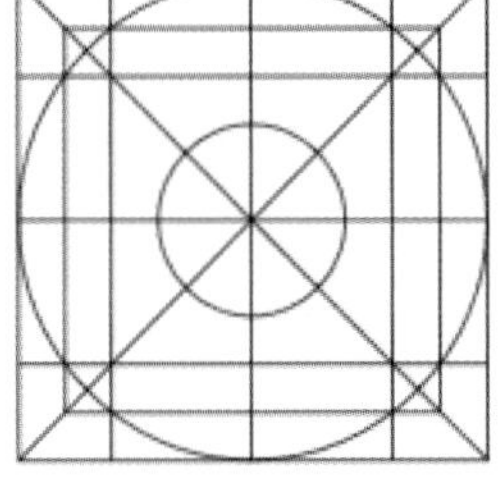

图5-17　icon网格

图5-18　绘制“首页”icon

点击右侧属性编辑器，取消填充，点击边框颜色，调整颜色为#84878A（图5-19）。

icon有不同状态，分为点按及未点按状态。选中icon网格及绘制的icon，按住Alt拖动鼠标复制出相同图形。点击图形后，在右侧的属性编辑器中点击填充颜色，选中第二项渐变属性，为其添加渐变。新拟物风格光源为从左上角向右下角照射，并且当icon被点按时处于下凹状态。因此，需要将渐变调整为由上部深色渐变至下部浅色，渐变颜色由#595C5F渐变至#84878A（图5-20）。

调整渐变角度，如图5-21所示。

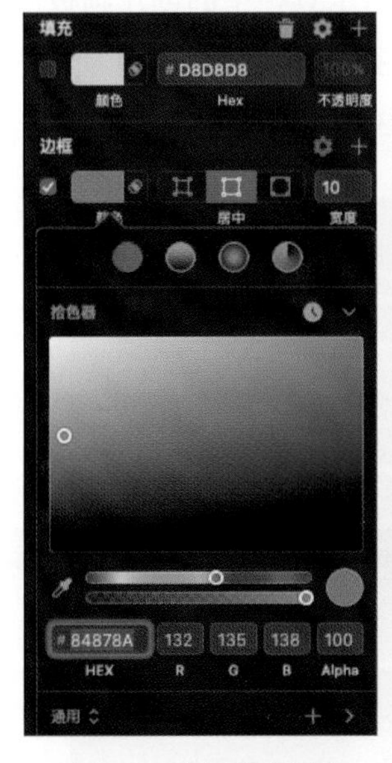

图5-19　边框颜色填充

图5-20　图形渐变填充（1）

图5-21　渐变角度调整

图5-22　“首页”icon

同理，以相同角度对icon边框添加渐变并调整角度。边框颜色由上部浅色渐变至下部深色，渐变颜色由#878C95渐变至#1F2025，最终效果如图5-22所示。

用相同方式绘制界面内所用的其他icon，如图5-23所示。

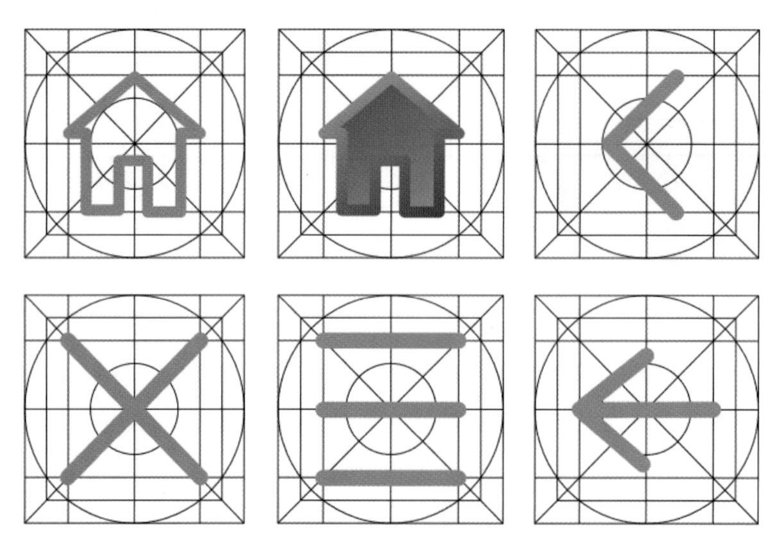
图5-23　界面所用icon

③绘制主界面

本案例为一款日程记录App的UI设计，主要界面内容有导航栏、日历模块、日程模块、Tab（标签）栏、按钮。首先创建画板，通过快捷键A或点击工具栏中的创建画板按钮，查看右侧属性编辑器提供的默认设备尺寸列表，在选项中先选择Apple Devices选项中的iPhone11 Pro的@1x（软件自带术语）图尺寸作为基础画板，尺寸为375px×812px（图5-24）。

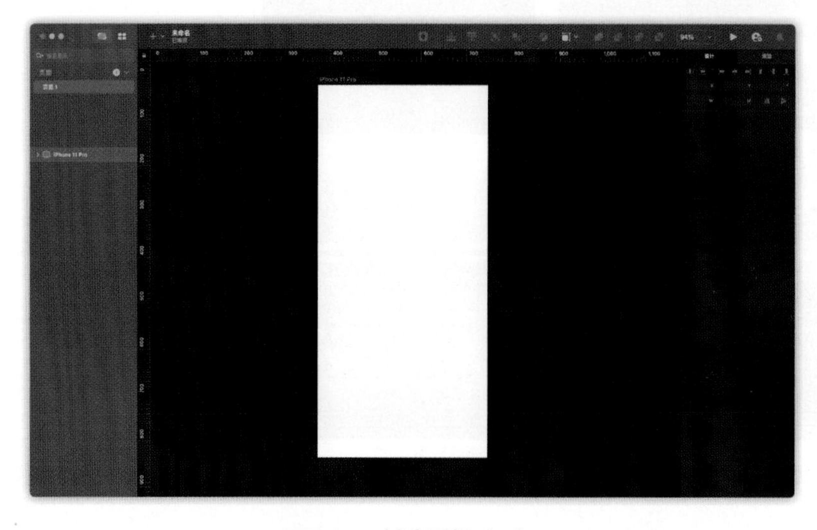
图5-24　创建画板（2）

点击形状工具，创建与画板相同大小的矩形，添加颜色渐变，渐变颜色由#34383D渐变至#1C1D20，调整渐变方向（图5-25）。如果仅仅需要将背景设置为纯色，在创建画板后，可在右侧属性编辑器内直接点击“画板”-“背景色”。

根据iPhone11 Pro设计规范，界面手机状态栏高度为44px，手机导航栏高度为145px（其中44px为手机状态栏高度），手势栏高度为34px（图5-26）。

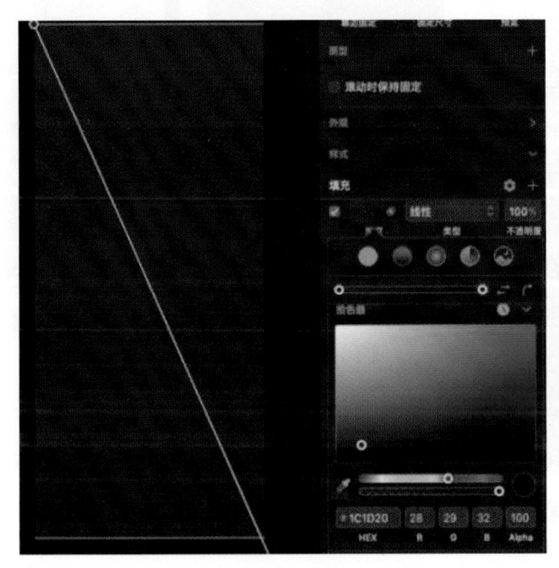

图5-25　图形渐变填充（2）

图5-26　iPhone11 Pro设计规范

状态栏（status bars）就是iPhone最上方用来显示时间、运营商信息、电池电量的区域。在设计稿中置入手机状态，可在菜单栏中的“置入”-“iOS用户界面设计”-“Bars”-“Status”进行操作。根据界面设计的需要，可以选择三种样式的状态栏：透明样式、白色、黑色。此时选择白色状态栏（图5-27、图5-28）。

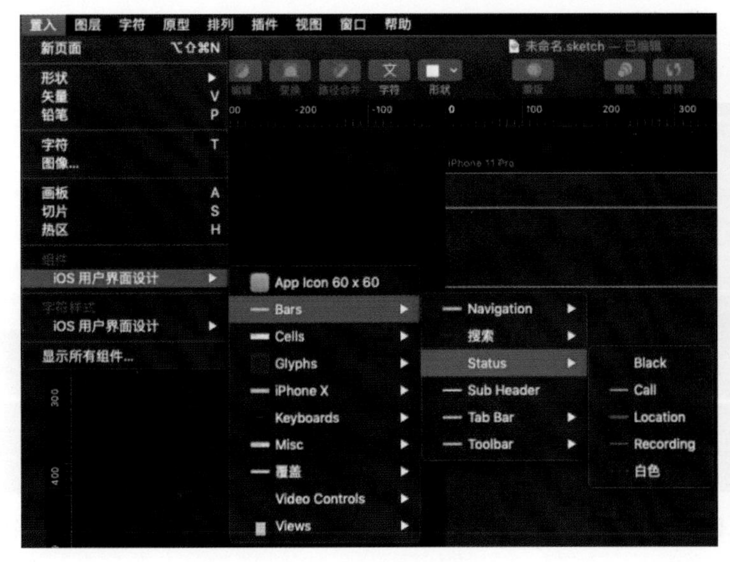

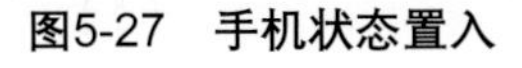

图5-27　手机状态置入

图5-28　白色状态栏

使用快捷键O或点击工具栏中的形状工具，选择椭圆形，按住Shift拖拽鼠标，绘制出正圆，调整尺寸为44px，整体比例及图形如图5-29所示。

调整圆形颜色及阴影，使其拥有新拟物风格的立体感。首先，调整圆形颜色，在右侧的属性编辑器中点击填充颜色，选中第二项渐变属性，为其添加渐变。渐变颜色由左上角#2A2F35渐变至右下角#313438（图5-30）。

其次，为图形填充渐变边框。在边框颜色中选择第二项渐变属性，渐变颜色由左上角#454B55渐变至右下角#1F2025，边框宽度调整为0.65px（图5-31）。

图5-29　圆形绘制

图5-30　图形渐变填充（3）

添加亮阴影，在属性编辑器内点击阴影，通过调整阴影的参数，可使图形具有不同高度的效果，调整阴影颜色为#646464，透明度为29%，X为-5，Y为-5，模糊为8（图5-32）。模糊的数值越高，图形的融入效果越自然。扩展为阴影扩散的参数值，具体情况可根据实际应用来调整。

添加暗阴影，在属性编辑器内点击阴影右侧的加号，调整阴影颜色为#151619，透明度为50%，X为5，Y为5，模糊为8（图5-33）。

此时，按钮图形效果如图5-34所示。

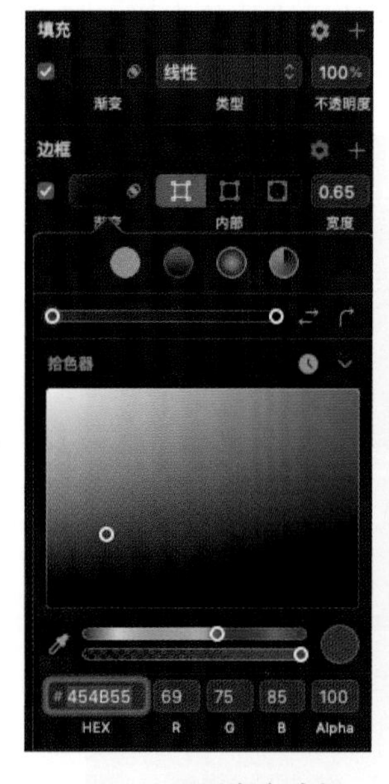

图5-31　图形渐变边框（1）

图5-32　亮阴影属性调整（1）

图5-33　暗阴影属性调整（1）

图5-34　按钮图形效果（1）

点击形状工具，新建圆形，调整尺寸为37px，取消边框，填充渐变颜色，渐变颜色由左上角#2F3339渐变至右下角#1D2024（图5-35）。

添加阴影，调整阴影颜色为#646464，透明度为20%，X为0，Y为0，模糊为1（图5-36）。

此时，按钮图形效果如图5-37所示。

将提前画好的未点按状态的icon与按钮图形进行组合，全部选中后，点击属性编辑器上部的对齐工具，进行水平与竖直居中对齐，同时，使用Command+G进行编组。最终按钮效果如图5-38所示。

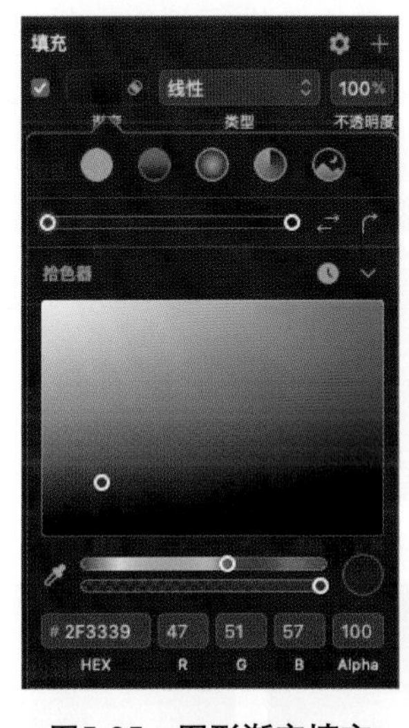

图5-35　图形渐变填充（4）

图5-36　阴影属性调整（1）

图5-37　按钮图形效果（2）

图5-38　按钮效果（1）

当按钮被点按时，按钮的属性会发生变化，由上凸变为下凹，此时，将底部圆形进行参数调整，在保证边框与颜色不变的情况下删除阴影，添加内阴影。

首先添加内部暗阴影，在属性编辑器内点击内阴影，调整阴影颜色为#151619，透明度为40%，X为5，Y为5，模糊为8（图5-39）。

添加内部亮阴影，在属性编辑器内点击内阴影右侧的加号，调整阴影颜色为#646464，透明度为20%，X为-5，Y为-5，模糊为8（图5-40）。

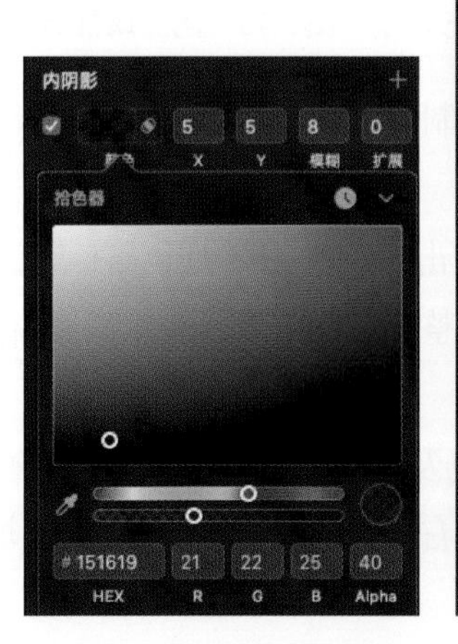

图5-39　暗内阴影属性调整（1）

图5-40　亮内阴影属性调整（1）

此时，按钮图形效果如图5-41所示。

图5-41　按钮图形效果（3）

点击形状工具，新建圆形，调整尺寸为37px，取消边框，填充渐变颜色，渐变颜色由左上角#1D2024渐变至右下角#3C4147（图5-42）。

添加阴影，点击阴影，调整阴影颜色为#646464，透明度为20%，X为0，Y为0，模糊为1（图5-43）。

此时，按钮图形效果如图5-44所示。

将提前画好的点按状态的icon与按钮图形进行组合，全部选中后，点击属性编辑器上部的对齐工具，进行水平与竖直居中对齐，同时，使用Command+G进行编组。最终按钮效果如图5-45所示。

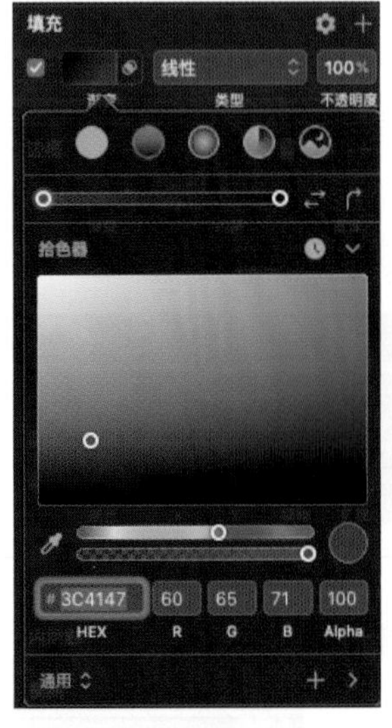

图5-42　图形渐变填充（5）

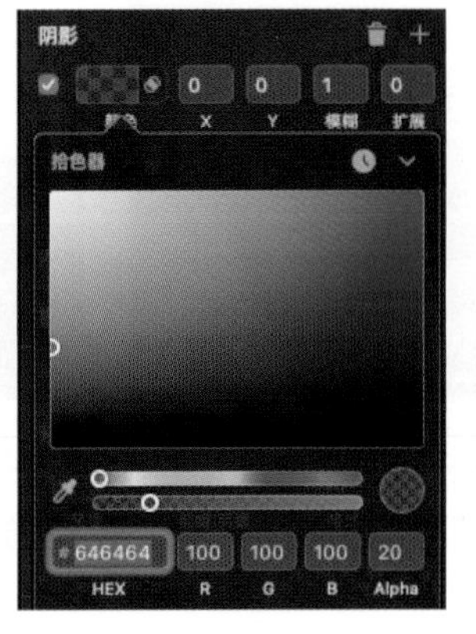

图5-43　阴影属性调整（2）

图5-44　按钮图形效果（4）

图5-45　按钮效果（2）

依据上述步骤，绘制界面内所用的按钮，如图5-46所示。

图5-46　界面所用按钮效果

④绘制日历模块

使用快捷键U或点击工具栏中的形状工具，选择圆角矩形。绘制出图形后，调整尺寸为宽339px、高358px，圆角半径为15px（图5-47）。

图5-47　图形尺寸属性（1）

调整圆角矩形颜色及阴影，使其拥有新拟物风格的立体感。首先调整颜色，在右侧的属性编辑器中点击填充颜色，填充为#2E3237（图5-48）。

为图形填充渐变边框，在边框颜色中选择第二项渐变属性，渐变颜色由左上角#454B55渐变至右下角#1F2025，边框宽度调整为1px（图5-49）。

添加亮阴影，在属性编辑器内点击阴影，调整阴影颜色为#656565，透明度为20%，X为−10，Y为−10，模糊为20（图5-50）。

添加暗阴影，在属性编辑器内点击阴影右侧的加号，调整阴影颜色为#151619，透明度为50%，X为10，Y为10，模糊为20（图5-51）。

图5-48　图形颜色填充（1）

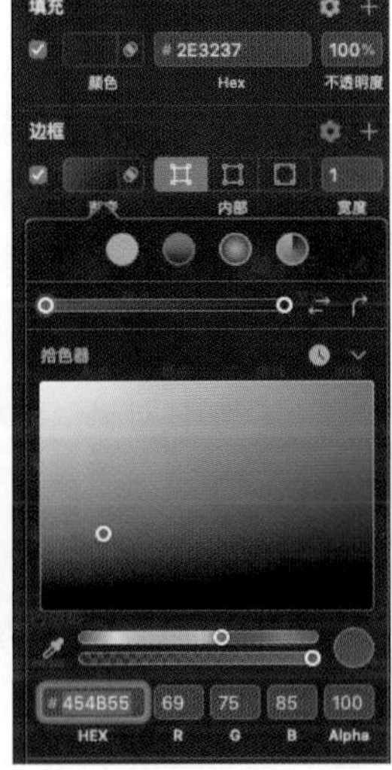

图5-49　图形渐变边框（2）

图5-50　亮阴影属性调整（2）

图5-51　暗阴影属性调整（2）

此时，图形效果如图5-52所示。通过阴影的变化使图形突出，以此来提升图形的层级。该圆角矩形将作为承载内容的信息模块，与按钮相互区分，提升用户识别效率与体验感。

图5-52　信息模块图形效果

将制作好的切换按钮放置在圆角矩形上部，点击工具栏中的缩放工具，将按钮直径调整至34px（图5-53）。

调整按钮的摆放位置，使其分别距两侧22px（图5-54）。

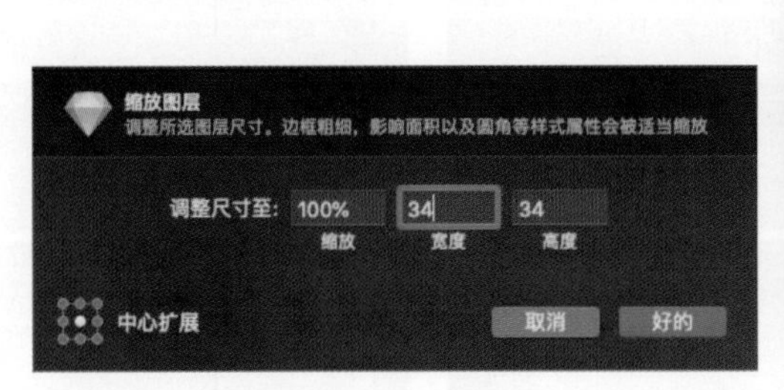

图5-53　缩放工具

图5-54　调整按钮位置

图5-55 直线属性调整（1）

图5-56 直线位置调整（1）

图5-57 文本属性调整（1）

通过点击快捷键L或矢量工具，绘制长度为339px、宽度为1px的直线，调整颜色为#232629，达到不抢眼但又可以分割的视觉效果（图5-55）。

调整直线位置，使其具有分割的作用。直线上部为日历的导航栏，下部为日历的内容区，直线位置距离圆角矩形顶部62px（图5-56）。

使用快捷键T或点击文本工具，编辑文本为“7月”，在右侧属性编辑器的字符属性中调整字号为24，颜色为#CECECF，字体为苹方-简的常规体，字距为0.24px（图5-57）。

调整文字位置，使其居中对齐，距离圆角矩形顶部14px（图5-58）。

继续输入对应的文字，此时需要注意，用手机查看该界面时，在保证文字可读性的基础上，字体应具有不同层级的效果（图5-59）。其中，星期文字字号为11，颜色为#FFFFFF，字体为苹方-简的中黑体，字距为0.11px。相邻两星期文字，例如SUN和MON中心水平距离为40px，与圆角矩形顶部距离为76px。日期文字字号为16，为提升文字的阅读性，将文字进行颜色及字体的变化，非本月日期文字颜色为#5F6366，本月日期颜色为#FFFFFF，非选中日期文字字体为苹方-简的纤细体，选中日期文字为苹方-简的中黑体，字距为0.16px。相邻两日期文字中心水平距离为40px，竖直间距为26px，最上排日期文字与星期文字间距为19px。

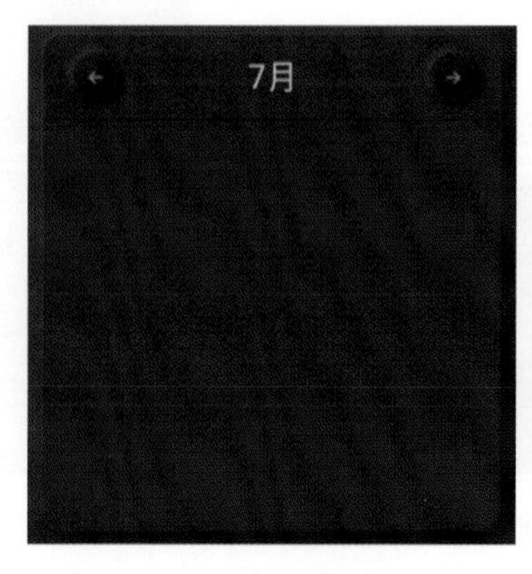

图5-58 文本位置调整（1）

图5-59 输入其他文本并调整属性

点击工具栏中的形状工具，选择椭圆形，按住Shift拖拽鼠标，绘制出正圆，调整尺寸为34px。然后调整圆形颜色及阴影，使其具有下凹感。首先调整圆形颜色，在右侧的属性编辑器中点击填充颜色，填充为#E94613（图5-60）。

为图形填充渐变边框，在边框颜色中选择第二项渐变属性，渐变颜色由左上角#DB4E0D渐变至右下角#AA3717，边框宽度调整为1px（图5-61）。

添加内部亮阴影，在属性编辑器内点击内阴影，调整阴影颜色为#FFFFFF，透明度为10%，X为−5，Y为−5，模糊为10（图5-62）。

添加内部暗阴影，在属性编辑器内点击内阴影右侧的加号，调整阴影颜色为#961809，透明度为90%，X为5，Y为5，模糊为10（图5-63）。

图5-60　图形颜色填充（2）

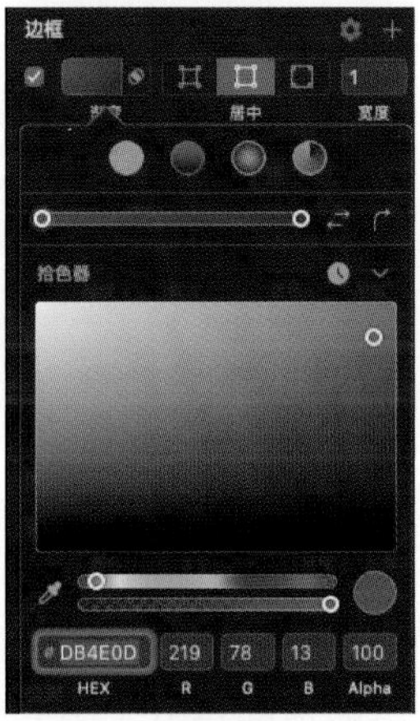

图5-61　图形渐变边框（3）

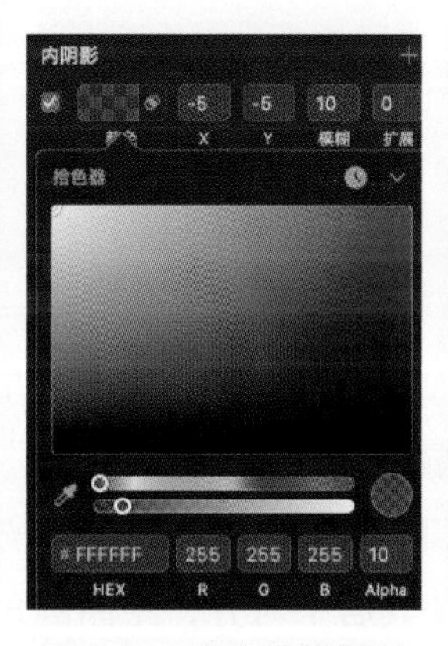

图5-62　亮内阴影属性调整（2）

图5-63　暗内阴影属性调整（2）

此时，图形效果如图5-64所示。

将其进行复制，调整左侧图层顺序，分别放置在刚刚制作好的日期文字7和10下方（图5-65）。

图5-64　图形效果（1）

图5-65　放置选中状态图形

点击工具栏中的形状工具，选择矩形，调整尺寸为高度34px、宽度128px，然后调整圆形颜色及阴影，使其具有下凹感。首先调整矩形颜色，在右侧的属性编辑器中点击填充颜色，填充为#2E3237（图5-66）。

添加内部亮阴影，在属性编辑器内点击内阴影，调整阴影颜色为#4B4B4B，透明度为20%，X为−5，Y为−5，模糊为5（图5-67）。

添加内部暗阴影，在属性编辑器内点击内阴影右侧的加号，调整阴影颜色为#1B1C20，透明度为50%，X为5，Y为5，模糊为5（图5-68）。

此时，图形效果如图5-69所示。

调整左侧图层顺序，将上述绘制好的矩形放置在日期文字与圆形的下方，同时，将所有日历模块的内容使用Command+G进行编组，最终完成日历模块的制作（图5-70）。

图5-66　图形颜色填充（3）

图5-67　亮内阴影属性调整（3）

图5-68　暗内阴影属性调整（3）

图5-69　图形效果（2）

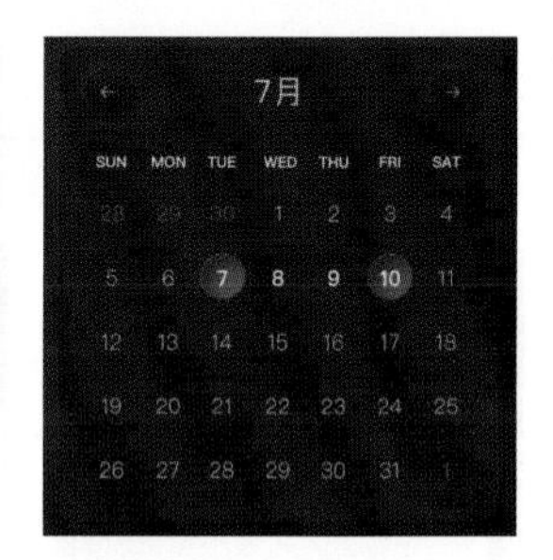

图5-70　日历模块效果

⑤绘制日程模块

根据上述制作流程，绘制日程模块的圆角矩形（图5-71）。

点击文本工具，编辑文本为“我的日程”，在右侧属性编辑器中的字符属性调整字号为24，颜色为#CECECF，字体为苹方-简的常规体，字距为0.24px（图5-72）。

调整文字位置，使其居中对齐，距离圆角矩形顶部14px（图5-73）。

图5-71　日程模块图形效果

图5-72　文本属性调整（2）

图5-73　文本位置调整（2）

点击形状工具绘制圆角矩形，尺寸为宽64px、高34px，圆角半径为8px（图5-74）。

绘制尺寸为宽10px、高34px的矩形，置于上述圆角矩形右侧，水平居中对齐（图5-75）。

框选两个图形后，在工具栏点击联集工具，使图形相加（图5-76）。

图5-74　图形尺寸属性（2）

图5-75　置矩形于右侧且水平对齐

图5-76　图形联集

分别绘制出宽151px、高34px的矩形，以及宽38px、高34px的单侧圆角矩形。为上述三个图形填充#25292D颜色后，以间距为2px的距离进行水平居中排列（图5-77）。

图5-77　图形排列对齐

调整左侧图层顺序，将排布并对齐完成的矩形放置在底部圆角矩形上，距离底部圆角矩形上边缘66px、左边缘19px（图5-78）。

添加文字与图形元素（图5-79）。其中，日期文字“THU，7月7日”字号为11，颜色为#CECECF，字距为0.11px，字体为苹方-简的常规体，与圆角矩形左端对齐，间距为3px；时间文字“18:00 PM”字号为11，颜色为#CECECF，字距为0.11px，字体为苹方-简的常规体，与左侧圆角矩形水平竖直居中对齐；日程内容文字“腾讯会议”字号为14，颜色为#CECECF，字距为0.11px，字体为苹方-简的常规体，与矩形水平竖直居中对齐；绘制正圆形，尺寸为14px，填充颜色#3993FD（图5-80），正圆形与右侧圆角矩形水平竖直居中对齐。

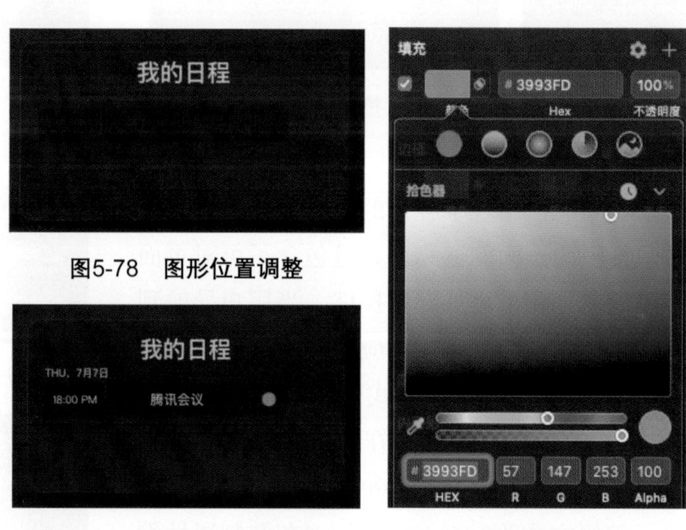

图5-78　图形位置调整

图5-79　添加文本并调整属性

图5-80　图形颜色填充（4）

将制作好的按钮放置在圆角矩形上，点击工具栏中的缩放工具，将按钮直径调整至34px（图5-81）。

调整按钮的摆放位置，使其与上述三个矩形水平居中对齐，距离右边缘19px（图5-82）。以此完成一条“我的日程”的内容排布。

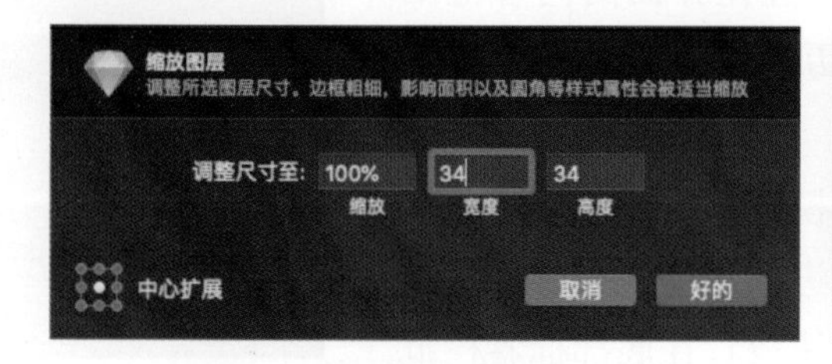

图5-81　用缩放工具调整尺寸

图5-82　按钮位置调整

点击矢量工具，绘制长度为339px、宽度为1px的直线，调整颜色为#232629（图5-83）。

图5-83　直线属性调整（2）

将绘制好的直线放置在距离底部圆角矩形下边缘70px处（图5-84）。

将上述已完成的一条“我的日程”的排布选中后拖拽复制，距离底部圆角矩形下边缘8px，调整文字内容为“THU，7月10日”“7:00 AM”“户外考察”，圆形填充颜色为#DC9E00。同时，将所有日程模块的内容使用Command+G进行编组，最终完成“我的日程”模块的排布（图5-85）。

图5-84　直线位置调整（2）

图5-85　拖拽复制并修改文字

⑥整体页面排布

首先排布导航栏。导航栏出现于屏幕的上方，位于状态栏之下。导航栏通常包括当前页面的名称，并且包含了可对页面进行操控的控件，除此之外还可添加导航控件。当用户导航到其他的页面上时，导航栏的名称就应该相应地变为新的页面名称（目前也有不标注页面名称的设计方式）。根据iPhone11 Pro界面设计规范，将绘制好的按钮放置在导航栏两端，分别距离界面两边界18px、上边界70px（图5-86）。

图5-86　导航栏按钮放置

点击文本工具，编辑文本为“Calendar”，在右侧属性编辑器中的字符属性调整字号为26，颜色为#FFFFFF，字体为苹方-简的中黑体，字距为0.26px（图5-87）。

调整文字位置，使其与两端按钮水平居中对齐，处于界面的竖直居中的位置（图5-88）。

将绘制好的日历模块和日程模块放置在界面的内容范围中，调整位置，两模块间距13px，日历模块距离界面上边缘146px（图5-89）。

标签栏用于用户在应用程序的不同模式或视图中切换，并且用户应该可以在应用程序的任何位置进入这些模式中。将绘制好的“首页”按钮与“添加日程”按钮放置在底部标签栏范围内，完成最终的界面效果图（图5-90）。

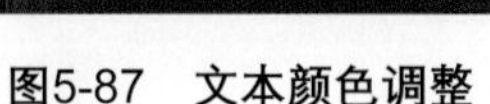

图5-87 文本颜色调整

图5-88 文字位置调整

图5-89 界面内容放置

图5-90 界面效果图

5.2 用Figma设计与制作毛玻璃风格界面

Figma是一款基于浏览器的界面设计协作工具。最大特点是以浏览器为载体，依托互联网，将所有文件都存储在云端，不受物理设备限制，多平台共享，使用灵活。因其具有实时、共享、协作、可追溯、管理透明等特点，为越来越多的UI设计师所使用，大幅提高了工作效率。Figma提供了直观的构建工具，用连接线连接各种相关的UI元素，可以完成非常多的高保真交互效果。Figma有着Sketch的专业功能，在后续的发展中还增加了变体、原型交互等强大的功能。Figma有和Sketch相似的界面和快捷键，甚至比Sketch更容易上手。某种程度上，Figma可以说是云端实时协作版Sketch。对于有设计经验的设计师来说，入门门槛很低。在本节中，将会以毛玻璃风格的界面设计为例，对Figma的使用方法和技巧，以及如何设计毛玻璃风格的界面进行讲解。

5.2.1 毛玻璃风格界面设计

毛玻璃风格（Glassmorphism），也叫玻璃拟物风格，是利用模糊处理手法呈现一种类似磨砂玻璃的设计效果。最大特点是具有像玻璃一样的通透性，可以透过表层看到背景的模糊形态。主要运用阴影、透明度、模糊背景的设计手法突出核心内容或增加质感以及氛围感，相对于半透明设计来说，减少了尖锐的背景和文字的影响，虚实结合的效果带给人们视觉上的愉悦感与朦胧美感。

毛玻璃风格更加注重垂直空间Z轴的使用。毛玻璃风格的视觉呈现需要媒介点，表面图层使用带有透明度的背景模糊效果，其基础原理如图5-91所示。媒介点主要分为三个部分：两个交叉的图层；一定的透明度；表面图层背景模糊。

设计师米歇尔·马勒维茨（Michal Malewicz）总结毛玻璃风格的四个特征为：**透明**，使用背景模糊或高斯模糊的磨砂玻璃效果；**悬浮**，多层级悬浮，通过前后关系表现层次感；**鲜明**，使用鲜艳色彩突出模糊的透明性；**微妙**，使用轻薄微妙的边框来表现玻璃质感。

这种风格有助于用户建立界面的层次结构和深度。用户可以看到物体间的层次关系，哪一层在哪一层之上，就像空间中真实的玻璃一样（图5-92）。

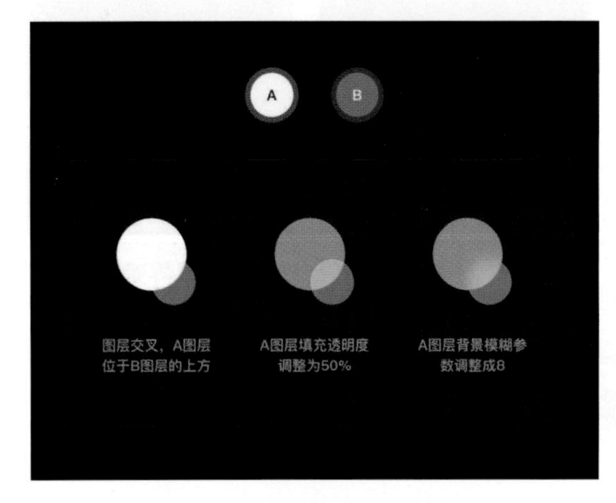

图5-91　毛玻璃风格的基础原理

图5-92　毛玻璃风格的视觉效果

由图5-91可知，毛玻璃效果是由两个交叉图层构成的。A图层为高斯模糊层，一般赋予纯白色或浅色系，且带有透明度叠加在背景层上；B图层作为底部图层，在视觉上挑选鲜艳的色彩处理，以突出模糊的透明性，例如蓝色、玫红色、紫色、橙色，这样不管在白色背景还是在暗色背景下通常都能被识别出来（图5-93）。以制作毛玻璃效果的图标为例（图5-94），浅灰色B图层式样的图标在白色背景下几乎看不见了，而紫色B图层式样的图标在白色背景下可以被清晰辨别。

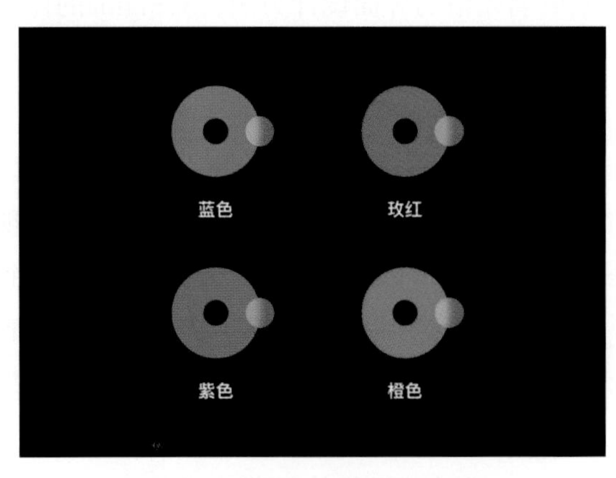

图5-93　不同色彩的毛玻璃风格刻画

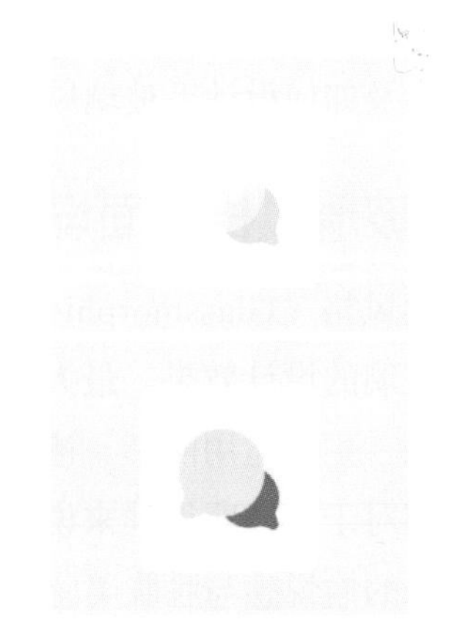

图5-94　毛玻璃风格B图层颜色识别

毛玻璃风格中元素都是一片片地悬浮在背景上的，通过设置与背景不同的远近关系来表现出空间纵深与立体感。越远离背景的元素透光性越好，同时阴影越大，拥有越高的透明度；相应的，越靠近背景的元素透光性越差，阴影越小，拥有越低的透明度（图5-95）。

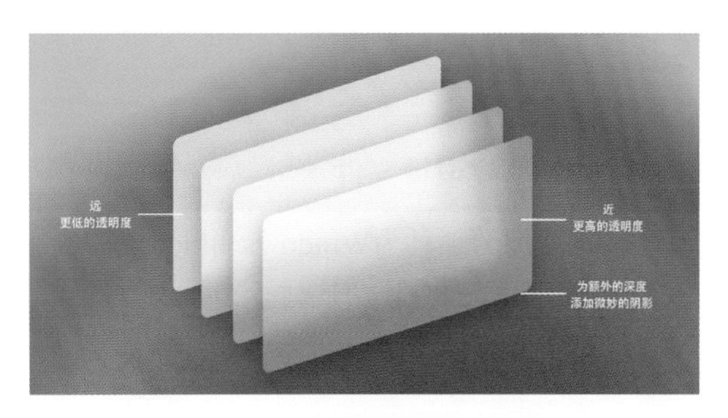

图5-95　毛玻璃透明度与层级的关系

对于毛玻璃效果而言，最重要的一点就是设置模糊。要注意的是，需要模糊的是元素的背景，而不是元素本身。如图5-96所示，在背景模糊值都是8的情况下，左边是对象不透明度100%、填充不透明度50%的效果，右边是对象不透明度50%、填充不透明度100%的效果。它们看起来完全不同。

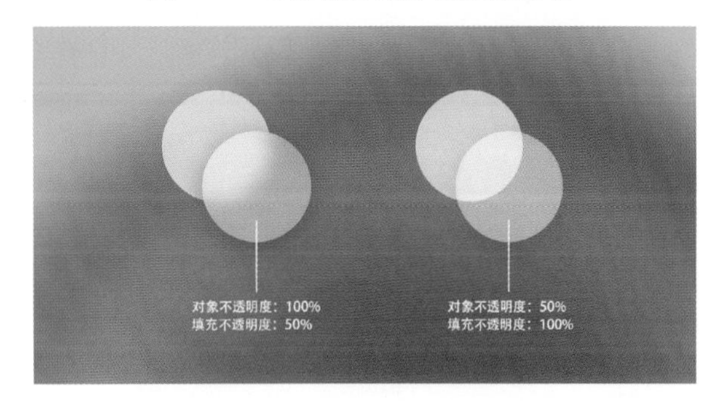

图5-96　设置正确的透明度

对于毛玻璃视觉效果来说，背景图像的选择对最终效果的呈现有着非常大的影响。背景不能太过于简单或呆板，否则效果将不明显或不可见，同时背景又不能太复杂。选择背景时，应确保其具有足够的色调差异，使毛玻璃效果可以清晰可见（图5-97）。苹果选择彩色背景作为macOS Big Sur的默认壁纸就是一个很好的例子，当模糊透明的表面位于背景之上时，可以很容易看到那些容易辨别的色调差异。所以选用带有层次的颜色或图片的背景会有更好的毛玻璃展示效果。

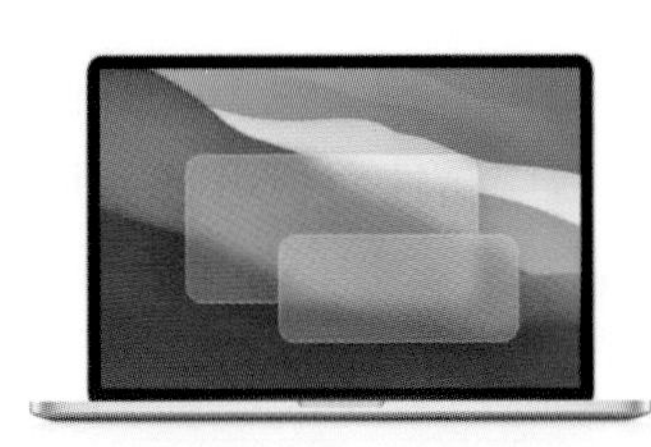

图5-97　选择适合的背景

除此之外，使用较细的边框可以使元素从背景中脱离出来，以表现出玻璃片似的拟物效果（图5-98）。

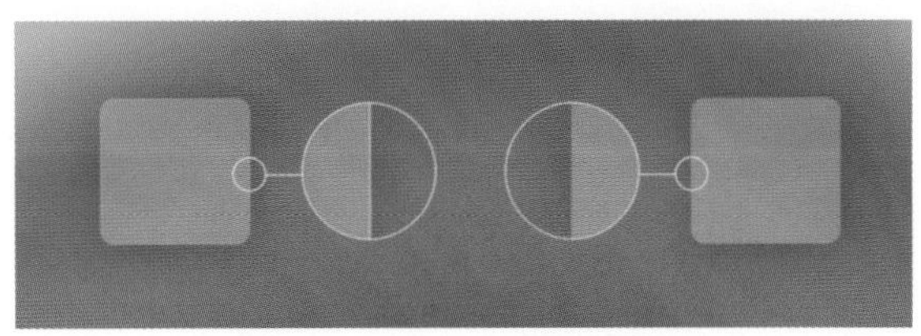

图5-98　设置轻薄微妙的边框

5.2.2 案例实战

（1）新建设计文件

本次使用的工具为Windows端Figma EX，版本号为version1.2.33。打开Figma，新建设计文件（图5-99）。整个Figma界面可以划分为四个主要区域：工具栏、图层面板、属性面板、画布（设计区）。

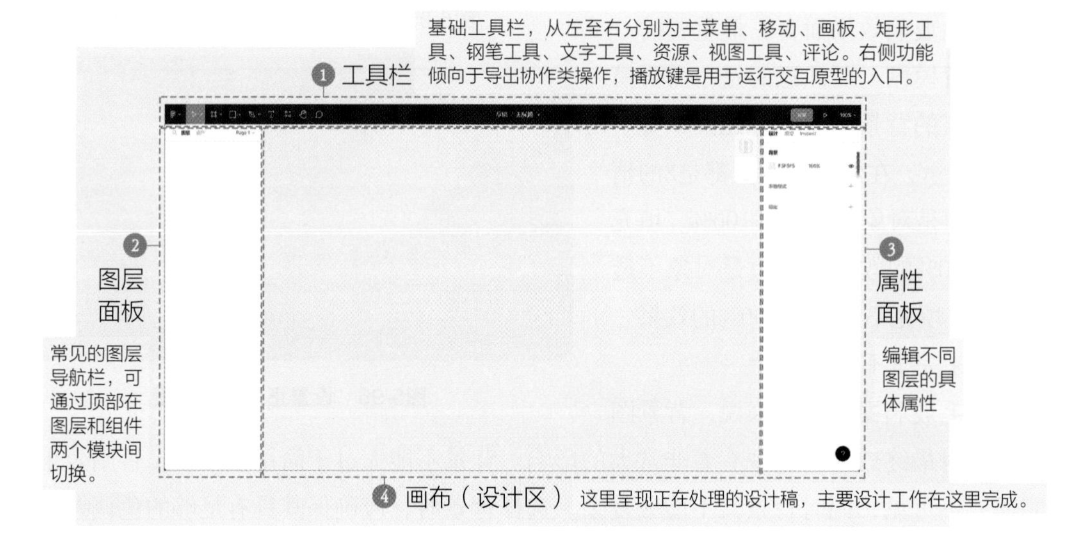

图5-99　Figma界面

（2）界面icon制作

①创建画框

首先打开Figma，点击新建设计文件，创建新的文档。点击工具栏上的画框按钮创建画框，也可通过快捷键F或A来快速创建画框。右侧属性面板可选择画框尺寸，共有九个分组选项，分别为手机、平板电脑、桌面端、演示、手表、纸张、社交媒体、Figma社区和Archive（图5-100）。

图5-100　创建画框（1）

当新建画框完成后，可选中画框，在右侧的属性面板的画框栏更改画框尺寸。当前画框尺寸为宽390px、高844px（图5-101）。

图5-101 更改画框尺寸

可通过快捷键Shift+R或者主菜单的“查看”–“标尺”来显示或隐藏标尺工具（图5-102）。

将鼠标放在XY标尺上并点击，可添加辅助参考线（图5-103）。

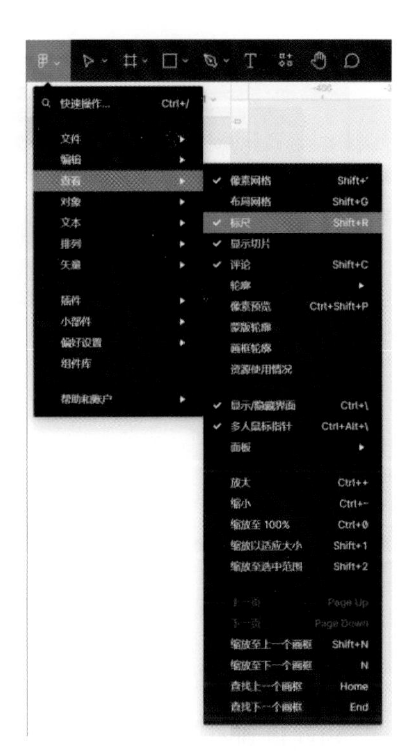

图5-102 显示或隐藏标尺工具

图5-103 添加辅助参考线（2）

②绘制icon网格

使用形状工具可绘制矩形、直线、箭头、椭圆等图形（图5-104）。分别使用矩形和椭圆，按住Shift拖拽鼠标，可绘制正方形和正圆形。绘制完毕后，在属性面板中找到描边属性，点击右侧加号，添加描边，点击边框颜色，将边框颜色调整为黑色#000000（图5-105）。找到填充属性，点击右侧减号，删除颜色填充（图5-106）。

图5-104　绘制形状

图5-106　取消填充

图5-105　添加描边

由此得到图形边框（图5-107）。

运用工具栏绘画工具中的钢笔，可为icon网格增加适当的辅助直线。选中需要对齐的图形，在属性面板最上方点击水平居中和竖直居中放置，绘制出icon网格（图5-108、图5-109）。此icon网格可保证绘制的icon具有一致性。

图5-107　图形边框（2）

图5-108　选择对齐属性

图5-109　绘制icon网格

③绘制icon

毛玻璃风格icon可划分为三部分：线形点缀层、玻璃模糊层、填充层。改变玻璃模糊层与填充层的位置，以突出层次的前后关系，以此达到良好的毛玻璃视觉效果。

根据毛玻璃风格界面的设计特点，绘制页面所需icon。以绘制任务清单icon为例，首先绘制填充层。点击工具栏中的形状工具，绘制出icon的大体形态（图5-110）。

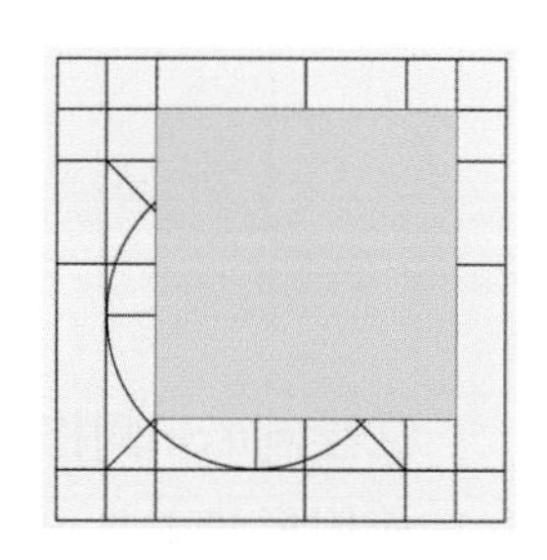

图5-110　绘制填充层大体形态

点击工具栏中的编辑对象，如图5-111所示，选取icon中的控制点，通过方向键对控制点进行移动（图5-112）；再次选取控制点，在右侧属性面板中依次修改各个点的圆角半径（图5-113）。

图5-111　工具栏编辑对象

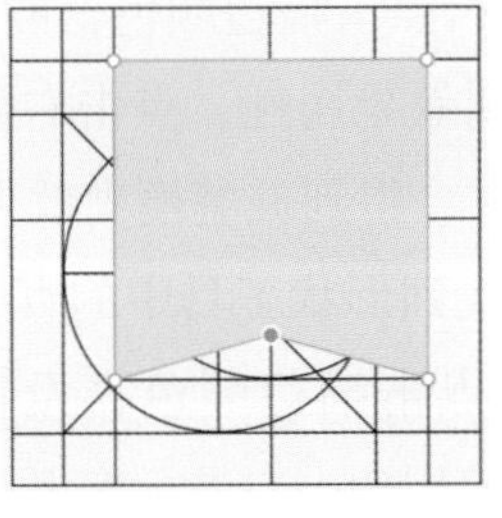

图5-112　控制点移动

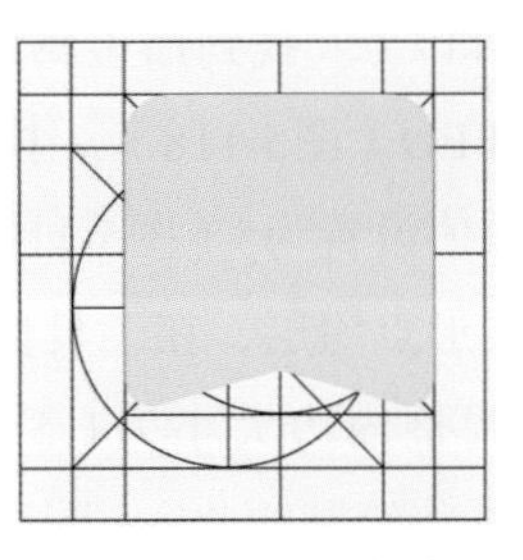

图5-113　圆角轮廓

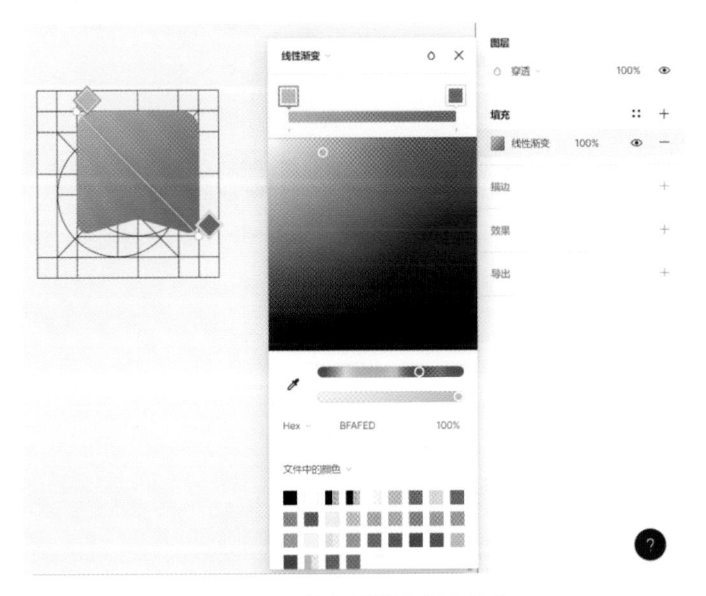

图5-114　填充层渐变颜色填充

在右侧属性面板中找到填充属性，点击填充颜色，选择线性渐变样式，调整颜色由#BFAFED渐变至#0062FA，渐变角度为从左上到右下（图5-114）。再找到描边属性，点击右侧加号，添加描边，调整描边大小为0.5；点击描边颜色，选择线性渐变样式，渐变角度调整为从上到下，调整颜色由#BFAFED渐变至#0062FA（图5-115），得到最终形状效果（图5-116）。

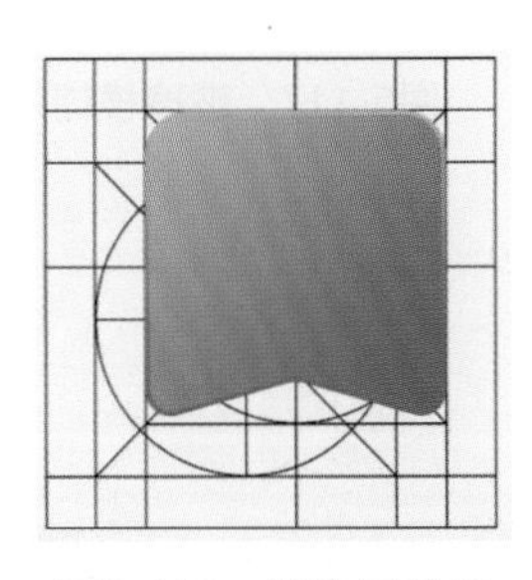

图5-116　填充层效果

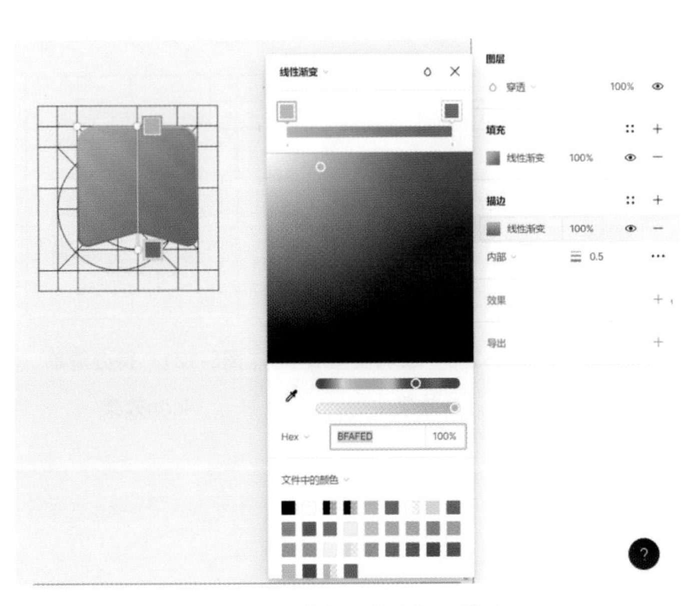

图5-115　填充层渐变颜色描边

绘制玻璃模糊层，选中绘制的icon填充层，按住Alt拖动鼠标，复制出相同图形至其左下。点击图形后，在右侧属性面板中找到填充属性，点击填充颜色，选择纯色样式，调整颜色为#FFFFFF，透明度改为

20%（图5-117）。找到描边属性，点击描边颜色，颠倒渐变位置，调整颜色由#0062FA渐变至#BFAFED（图5-118）。找到效果属性，点击右侧加号，添加效果，选择背景模糊样式，模糊数值设置为5（图5-119），得到玻璃模糊效果（图5-120）。

绘制线形点缀层，在工具栏找到形状工具中的直线或者绘画工具中的钢笔，绘制三条点缀线，调整描边大小为1.5，点击描边颜色，设置为#FFFFFF，得到最终效果（图5-121）。并将绘制的此icon图层使用Ctrl+G进行编组。

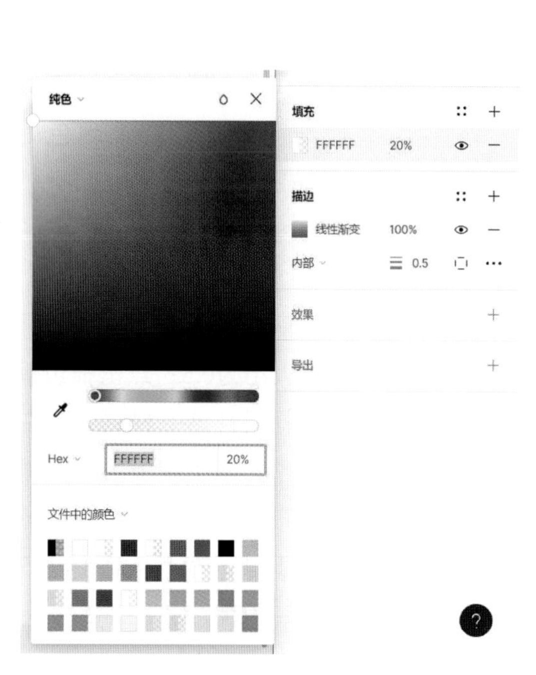

图5-117　玻璃模糊层颜色填充

图5-118　玻璃模糊层渐变颜色描边

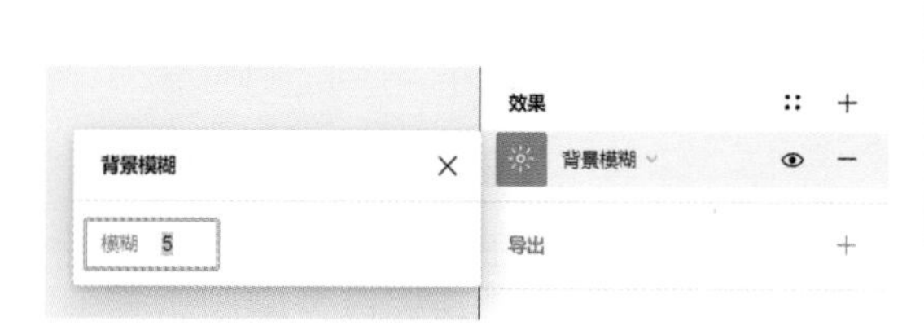

图5-119　玻璃模糊层设置背景模糊

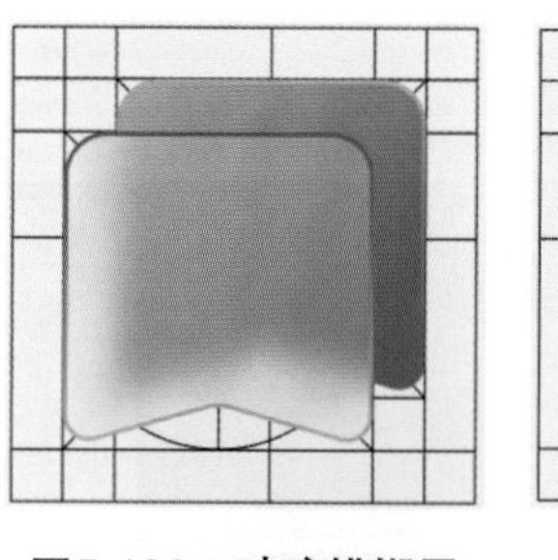

图5-120　玻璃模糊层效果

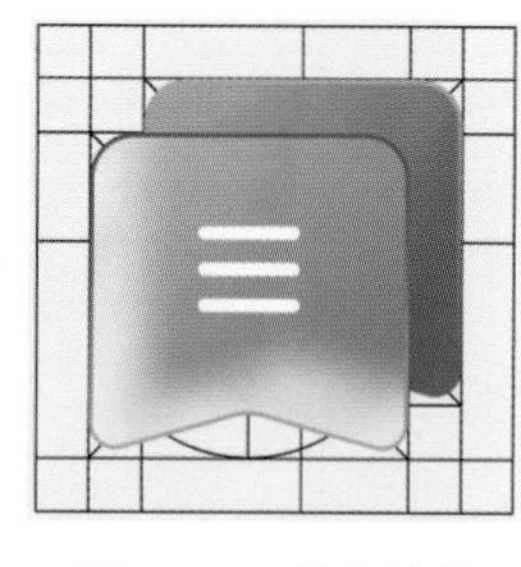

图5-121　待办清单icon效果

用相同的方式绘制界面内其他icon（图5-122）。

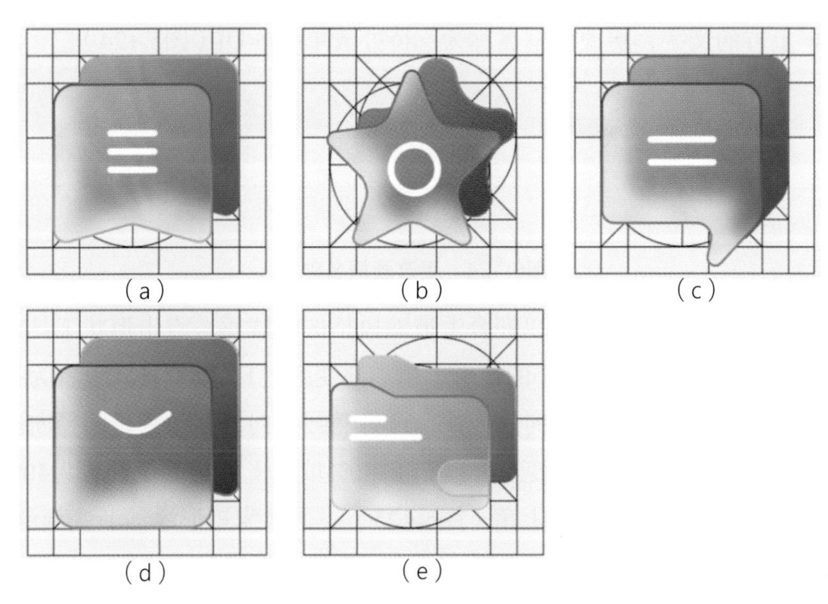

图5-122　毛玻璃风格icon

（3）界面设计

①创建画框与填充背景

本次设计一款待办清单App的UI界面，主要界面内容有背景、头像、今日任务模块、目标模块。首先创建画框，通过快捷键F或A，或点击工具栏中的“创建画框”按钮，查看右侧属性面板提供的默认设备尺寸列表，在选项中选择“手机”选项中的iPhone 13或iPhone 13 Pro 尺寸作为基础画框，尺寸为390px×844px。点击画框，在右侧属性面板中更改画框的圆角半径，数值设置为20。为画框添加效果，设置为投影样式（图5-123）。

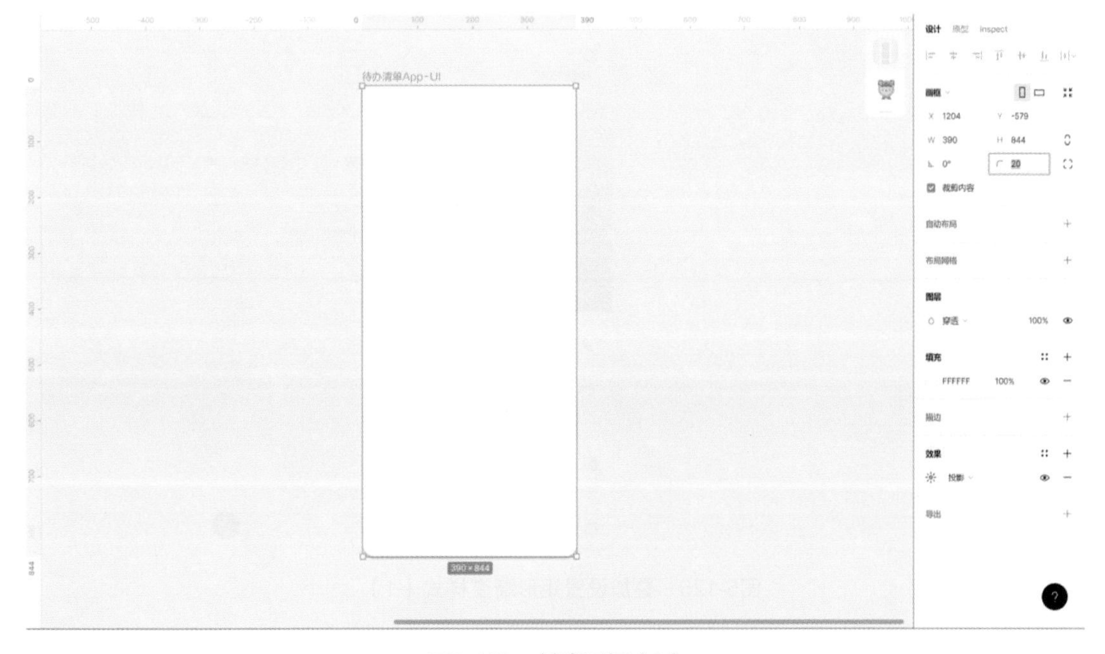

图5-123　创建画框（2）

双击画框上方的文字，更改画框名称为：待办清单App-UI（图5-124）。

图5-124　更改画框名称

为UI界面添加渐变背景样式，以迎合毛玻璃风格的朦胧感。点击形状工具或使用快捷键R绘制矩形，创建与画框相同大小的矩形，添加渐变颜色1，渐变样式设置为径向渐变，按住Shift键，点击附近的小白点并向外拖拽，可将椭圆径向渐变改为正圆径向渐变。渐变颜色1由#EB655A（100%填充）渐变至#FFFFFF（0%填充），透明度设置为40%，调整渐变方向，并将其放置在矩形框的左上角（图5-125）。再次为矩形添加渐变颜色2，渐变样式依然为径向渐变，渐变颜色2由#C67241（100%填充）渐变至#FFFFFF（0%填充），透明度设置为40%，调整渐变方向，并将其放置在矩形框的右下角（图5-126）。继续重复此操作两次，为矩形叠加渐变颜色3和渐变颜色4。渐变颜色3由#EFC997（100%填充）渐变至#FFFFFF（0%填充），透明度设置为40%，调整渐变方向，并将其放置在渐变颜色1的右下方（图5-127）。渐变颜色4由#E1B2A3（100%填充）渐变至#FFFFFF（0%填充），透明度设置为40%，调整渐变方向，并将其放置在渐变颜色2的左上方（图5-128）。

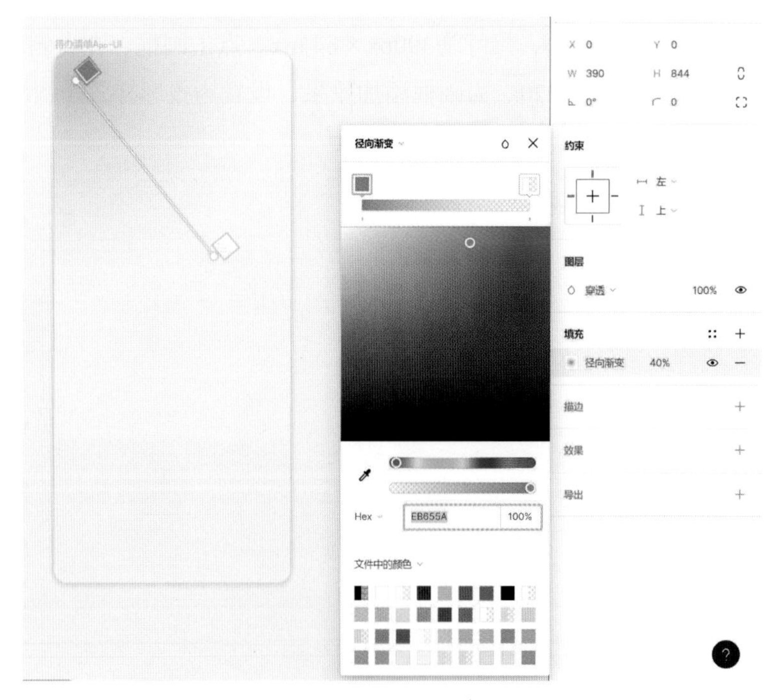

图5-125　叠加设置矩形渐变样式（1）

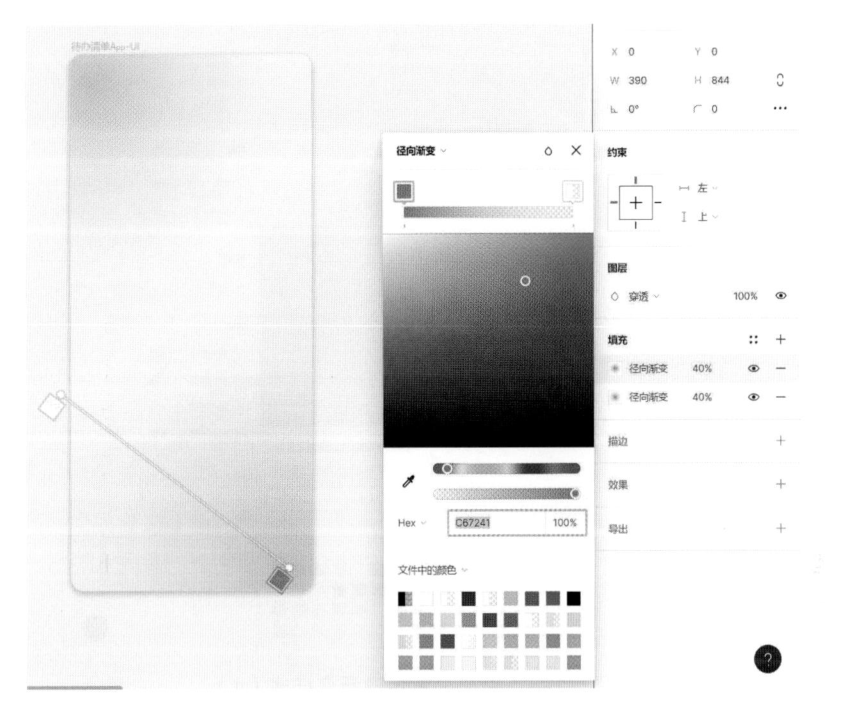

图5-126 叠加设置矩形渐变样式（2）

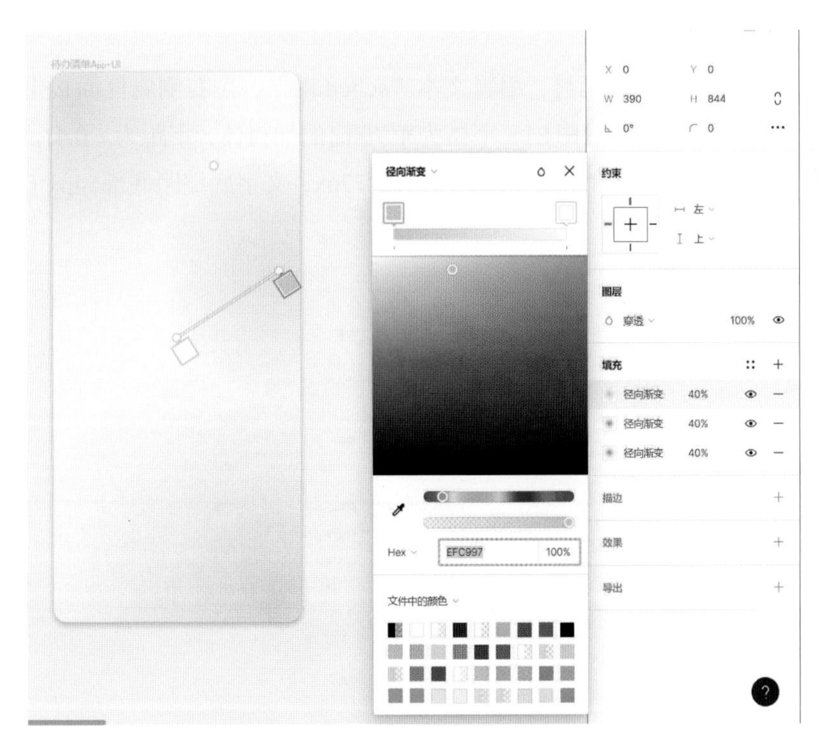

图5-127 叠加设置矩形渐变样式（3）

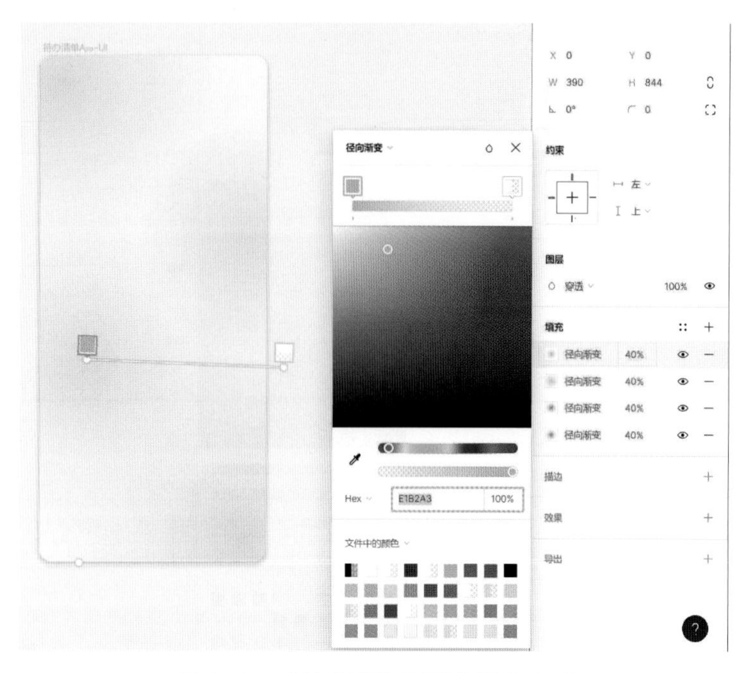

图5-128　叠加设置矩形渐变样式（4）

如果仅仅需要将背景设置为纯色，在创建画框后，点击画框，可在右侧属性面板内直接点击填充，设置背景色即可。

使用快捷键T或点击文本工具，编辑文本“schedule”，在右侧属性面板中的文本属性处，调整字号为100，颜色为#E1E1E1，字体为苹方-简的加粗体，字距为－0.41px。将文字顺时针旋转90°，置于画框右下角。文字左端距右侧77px，文字底端距底部54px（图5-129）。

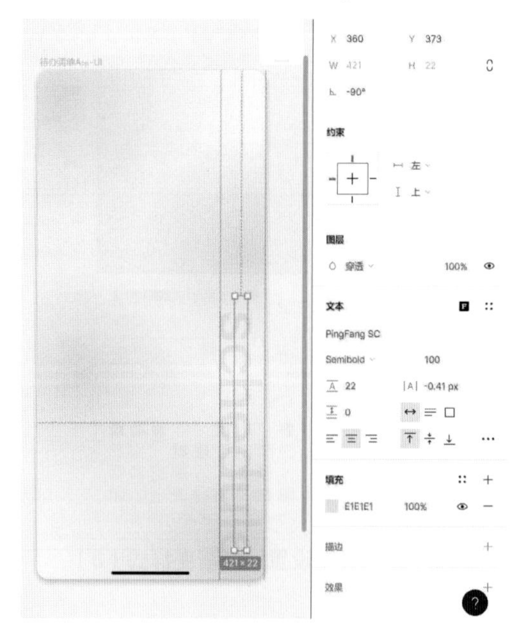

图5-129　“schedule”文字背景

根据iPhone13 Pro设计规范，界面手机状态栏高度47px（图5-130）。

状态栏就是iPhone 最上方用来显示时间、运营商信息、电池电量的区域，用于置入手机状态。根据界面设计的需要，选择黑色状态的状态栏放置（图5-131）。

图5-130 iPhone13 Pro状态栏设计规范

图5-131 iPhone13 Pro 状态栏及底部横条

②绘制头像部分

鼠标点击工具栏的形状工具，创建一个130px × 110px的矩形。点击属性面板圆角半径右侧的独立圆角，对矩形上半部分的两个点进行圆角处理，数值设置为70（图5-132）。点击颜色填充，选择纯色样式，颜色设置为#D9D9D9，透明度为20%。点击效果属性，添加模糊样式，模糊数值设置为5（图5-133）。再次添加效果，选择投影样式，模糊数值设置为10（图5-134）。最终形状效果如图5-135所示。

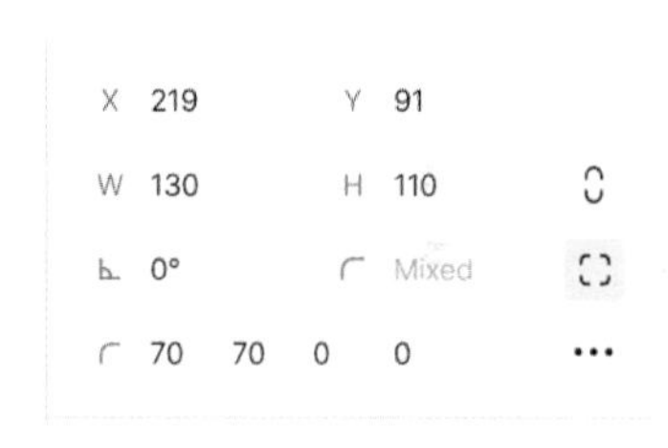

图5-132 独立圆角处理

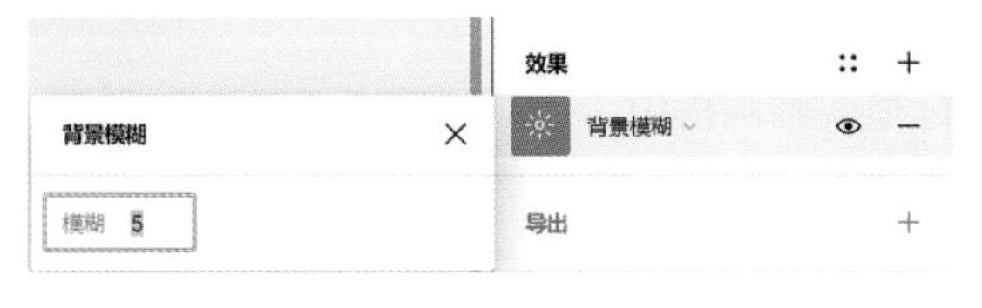

图5-133 设置模糊数值

图5-134 设置投影数值

图5-135 毛玻璃头像背景

绘制头像背景装饰。鼠标点击工具栏的形状工具，创建一个90px × 60px的矩形，设置圆角半径为10px。点击填充颜色，选择线性渐变样式，渐变颜色由#BA803D（80%填充）渐变至#F6BAA3（80%填充），渐变方向为从左上至右下（图5-136）。按住Alt拖动鼠标复制出相同图形，旋转－15°，将其叠加在上一矩形上，并对齐左上角。点击复制后的图形，改变填充属性，选择纯色样式，调整颜色为#D9D9D9，透明度改为20%，并为其添加效果属性、模糊样式（模糊值为5）和投影样式（模糊值为10）（图5-137）。再次点击上一模糊质感的矩形，并将形状大小改为8px × 36px，填充颜色改为#EDEDED，透明度为20%，叠放在上一矩形左侧（图5-138），并对其进行Ctrl+G编组处理。

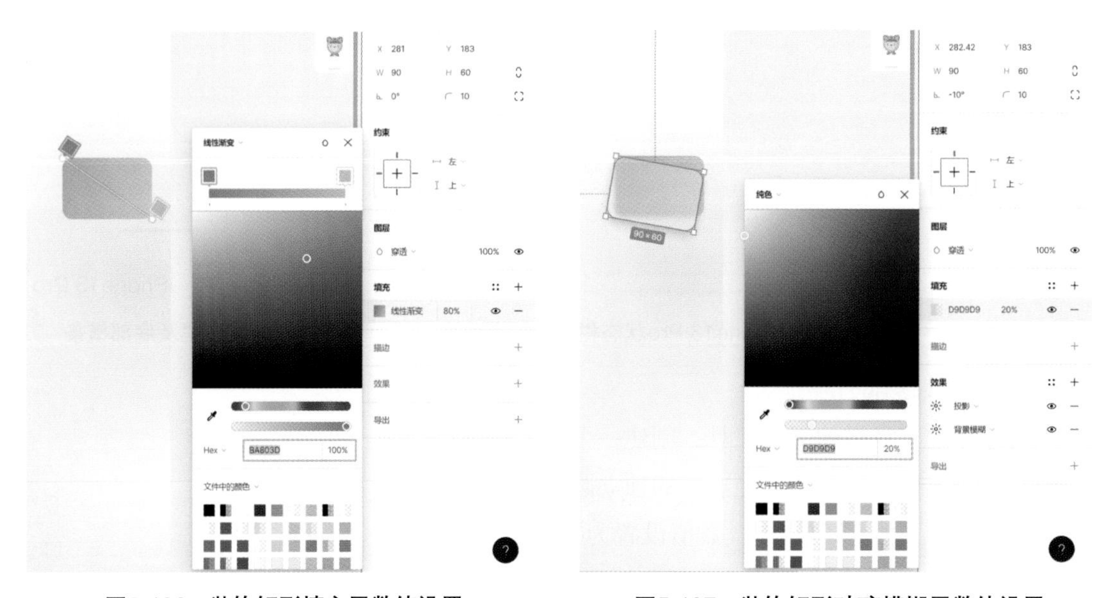

图5-136　装饰矩形填充层数值设置

图5-137　装饰矩形玻璃模糊层数值设置

按照同样的方法，再绘制一个三角形的装饰图形，参数设置如图5-139、图5-140所示。绘制效果如图5-141所示，并对其进行Ctrl+G编组处理。

图5-138　装饰矩形绘制效果

选取一张本地头像照片，用鼠标拖拽到画框中（或复制照片后在画框内粘贴）。缩放图片至合适大小，并将头像图片图层放置在图5-135绘制的圆角矩形上层，并在右侧属性面板选择底端对齐（图5-142）。将刚制作完成的装饰矩形和装饰三角形置于图5-135的下层，装饰矩形放置于圆角矩形的左下角，与其中心对齐；装饰三角形放置于圆角矩形的右上角。为了方便对个人头像或信息进行查看和更换，在头像的右下角添加“加号”图形。此时，头像整体效果如图5-143所示，并对其进行Ctrl+G编组处理。

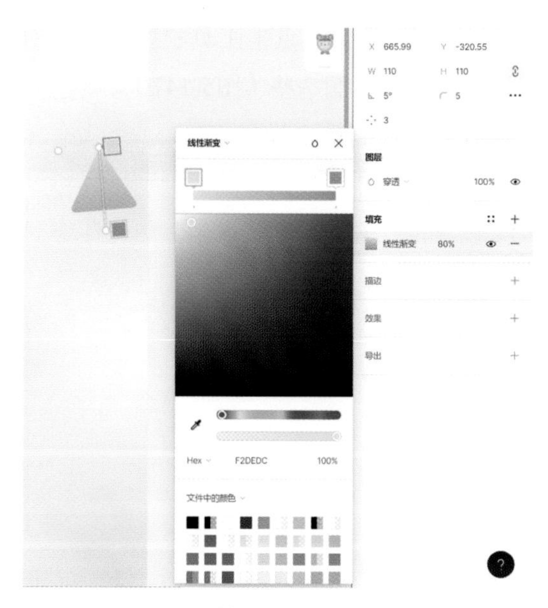

图5-139　装饰三角形填充层数值设置

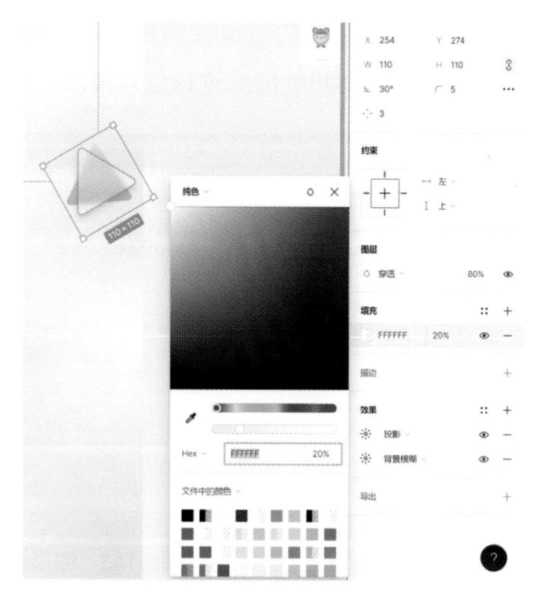

图5-140　装饰三角形玻璃模糊层数值设置

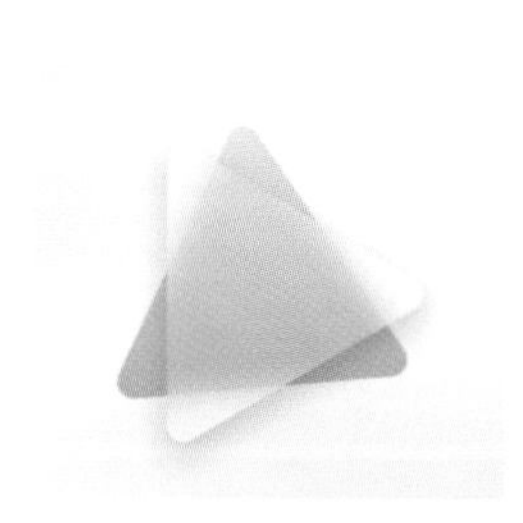

图5-141　装饰三角形绘制效果

图5-142　头像与毛玻璃背景组合

图5-143　头像整体效果

③绘制今日任务模块

点击工具栏中的形状工具，选择矩形（或使用快捷键R），绘制两个矩形，大小分别为140px × 40px、350px × 100px，并设置数值为10的圆角半径（图5-144）。将两个矩形的长边紧挨着放置，并对其进行左对齐。选中两个矩形，点击工具栏中间的布尔组合，选择“连集所有项”，将两个矩形合并为一个图形（图5-145）。点击图形，

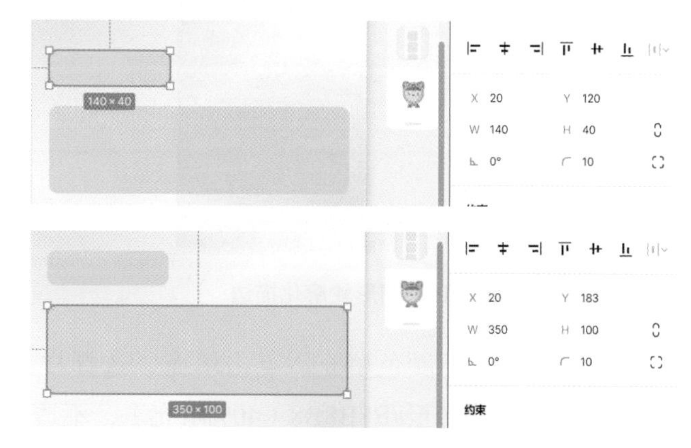

图5-144　绘制两个圆角矩形

右键选择轮廓化描边，或使用快捷键Ctrl+Shift+O（图5-146）。点击工具栏中的编辑对象，对图形中拐角处的点进行位置修改，将图形衔接处变得圆润一些（图5-147）。

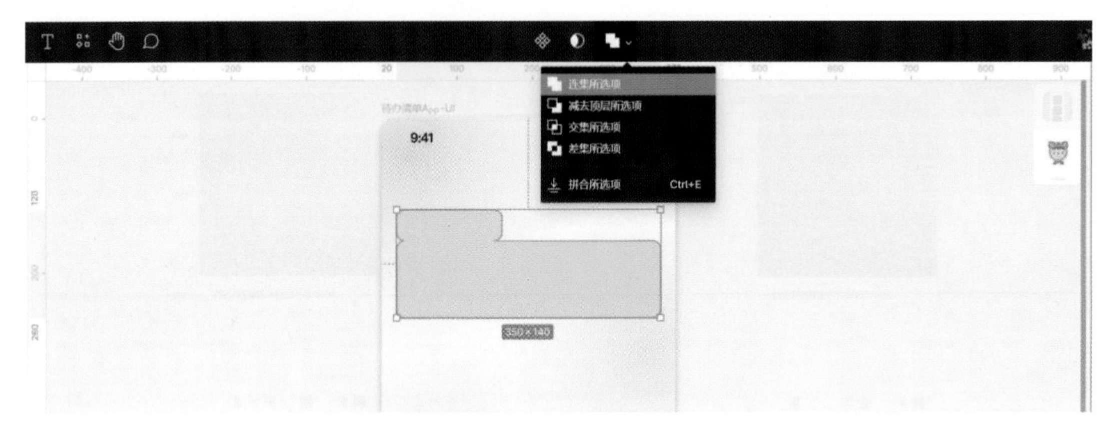

图5-145　图形布尔组合—连集所有项

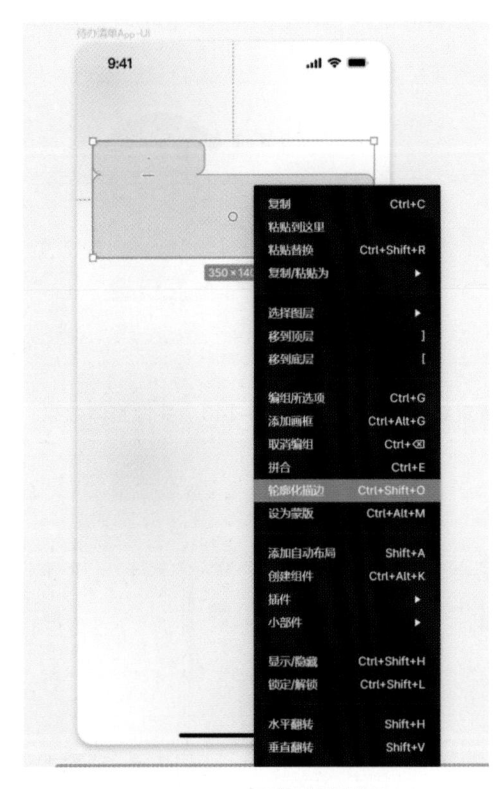

图5-146　图形轮廓化描边

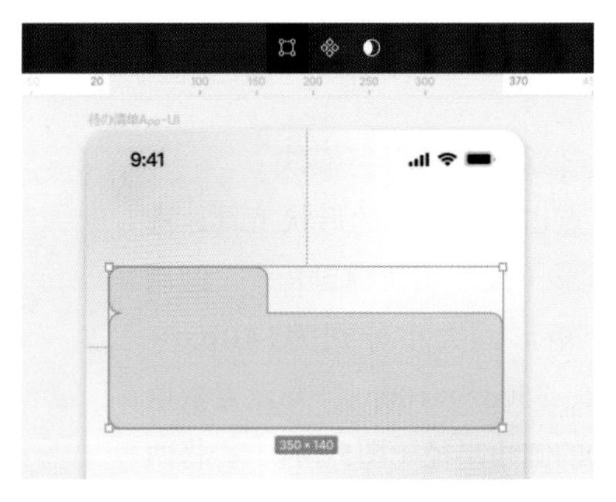

图5-147　编辑对象

对该图形进行颜色填充。点击填充，选择样式为线性渐变，渐变颜色由#B8B8B8（100%填充）渐变至#B8B8B8（40%填充），不透明度为20%，渐变方向为从上至下。添加矩形，大小为126px × 28px，颜色为#D6AB9B，透明度为50%，将其叠放在图5-147的图形中，将图5-122中的图标（a）移入图5-147的图形中。在其下方添加圆角矩形，填充线性渐变，颜色从#F2E3DA（100%填充）渐变至#F9ECDB（100%填充），透明度为40%，添加背景模糊样式效果（图5-148）。

绘制跳转按钮。点击工具栏中的形状工具，选择矩形（或使用快捷键R），绘制矩形的大小为73px×28px，圆角半径为20px，颜色填充为#E5B28C，添加背景模糊（模糊数值为5）和内阴影（模糊数值为10）（图5-149）。

在图形上添加对应的文字，此时需要注意，手机查看该界面时，在保证文字可读性的基础上，字体应具有不同层级的效果。使用快捷键T或点击文本工具，编辑文本为“今日任务”“待办清单”“5任务”“去完成”，在右侧属性面板中的字符属性调整字号分别为15号、12号、20号、14号，颜色为#494D57，字体分别为苹方-简的加粗体、常规体、加粗体、常规体，字距为0.24px（图5-150）。

图5-148　“今日任务”底色背景

图5-149　跳转按钮

图5-150　“今日任务”图形

根据上述流程，继续绘制任务模块其余两个栏目图形。绘制矩形，大小为350px×80px，圆角半径为10px，线性渐变填充，渐变颜色由#D05D00（100%填充）渐变至#D0B19A（0%填充），透明度为40%，渐变方向为从左上至右下。复制该图形至原位，修改矩形左上角的圆角半径为60px，同时更改渐变填充，渐变颜色由#FFFFFF（100%填充）渐变至#FFFFFF（0%填充），透明度为40%，渐变方向为从左上至右下。将图5-122中的图标（b）移入图形中。绘制按钮，按钮轨道大小为50px×30px，颜色为#E5B28C，添加背景模糊（模糊数值为5）和内阴影（模糊数值为10）；按钮大小为26px×26px，颜色为#EAD2C5，添加背景模糊（模糊数值为5）和内阴影（模糊数值为10）（图5-151）。

在图形上添加对应的文字。使用快捷键T或点击文本工具，编辑文本为“已激活”“备忘录”，在右侧属性面板中的字符属性调整字号分别为12号、20号，颜色为#494D57，字体分别为苹方-简的常规体、加粗体，字距为0.24px（图5-152）。

图5-151　“备忘录”背景与按钮设置

图5-152　“备忘录”图形

对上述图形进行Ctrl+G编组处理。按住Alt拖动鼠标复制出相同图形，将图5-122中的图标（c）和对应的文字放置于图形中进行替换。改变按钮中圆的位置至左侧，并更改按钮的滑块以及该编组框的底色（图5-153、图5-154）。

将所有“今日任务”模块的内容使用Ctrl+G进行编组，最终完成“今日任务”模块的制作（图5-155）。

图5-153 替换图标

图5-154 添加相应文字

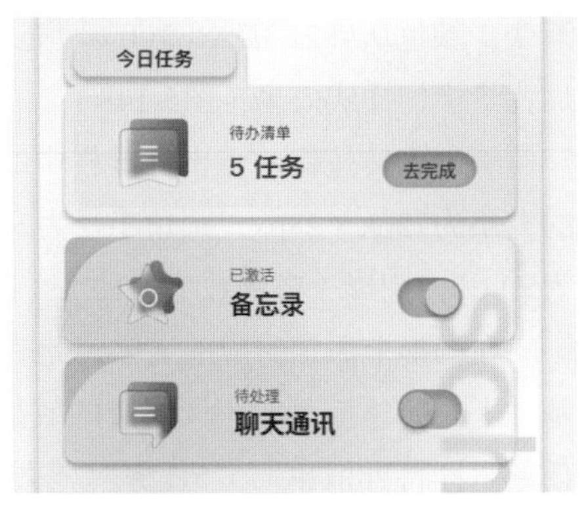

图5-155 “今日任务”模块整体效果

④绘制目标模块

根据上述“今日任务”模块的制作流程，绘制出目标模块的底层圆角矩形。底色块线性渐变填充，渐变颜色由#E98B82（100%填充）渐变至#EA8B82（0%填充），透明度为80%，渐变方向为从左上至右下，添加投影（模糊4）、背景模糊（模糊4）效果（图5-156）。透明层纯色填充，颜色为#EBBFB7，添加内阴影（模糊4）、投影（模糊4）、背景模糊（模糊4）效果（图5-157），效果如图5-158所示。将图5-122中的图标（d）移入此模块中，并放大至84px×84px。将装饰矩形作为目标模块的背景放大后置于图层最下层（图5-159）。

添加文字与图形元素。其中，大标题文字“购物账单”字号为20，颜色为#494D57，字距为0.15px，字体为苹方-简的加粗体；二级标题文字“本月消费”字号为10，颜色为#494D57，字距为0.15px，字体为苹方-简的常规体；价格文字“¥999/1200”字号为12，颜色为#494D57，字距为0.15px，字体为苹方-简的常规体。大标题文字与二级标题文字左对齐，距目标模块矩形左侧27px（图5-160）。

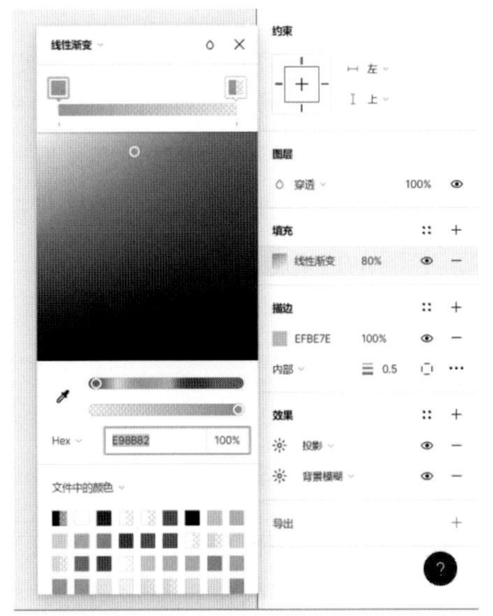

图5-156 底色块线性渐变数值

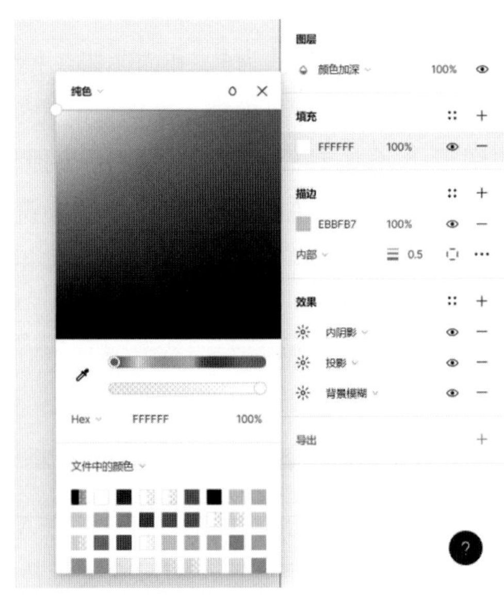

图5-157 透明层填充数值

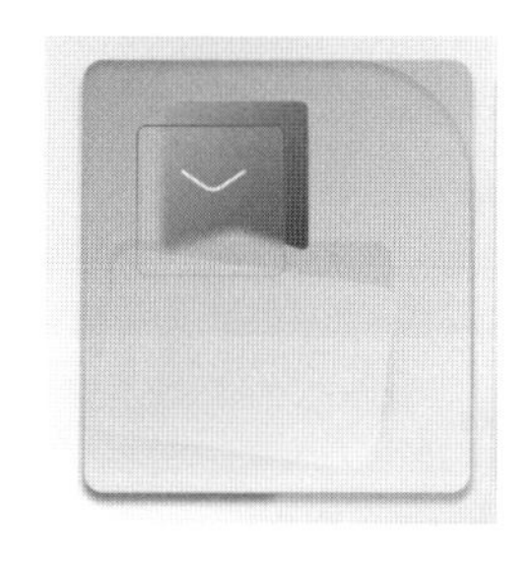

图5-158 填充后的效果 图5-159 完成的背景效果 图5-160 最终效果展示

此外，还需要绘制进度条。进度条长度为140px × 8px，圆角半径为5px，颜色为#E3D1D1，进度条颜色为线性渐变，从#E0B390（100%填充）渐变至#EB675D（100%填充）（图5-161）。此圆角矩形左侧与大标题文字“购物账单”对齐，右侧与价格文字“¥999/1200”对齐（图5-162）。

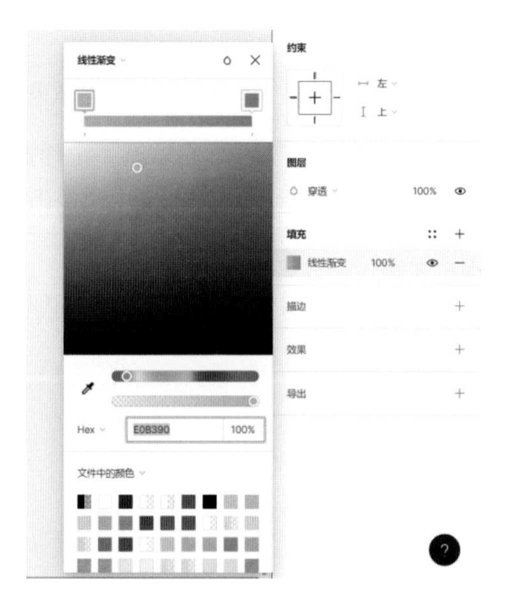

图5-161 进度条填充数值 图5-162 完成后的效果

最后，制作一个添加按钮。绘制矩形，添加线性渐变填充，从#DDBEAA（70%填充）渐变至#E75E55（70%填充），渐变方向为从左至右，如图5-163所示。添加文字“添加”，字号为15，颜色为#FFFFFF，字距为0.15px，字体为苹方-简的加粗体。至此，目标模块内容之一——“购物账单”部分的效果就完成了（图5-164）。

图5-163　添加按钮填充数值　　　　图5-164　最终完成效果

根据“购物账单”的布局，继续制作“存款清单”的布局界面。按住Alt拖动鼠标复制出相同图形，将图5-122中的图标（e）和对应的文字、颜色放置于图形中进行替换（图5-165）。

按Ctrl+G对所有目标模块的内容进行编组，最终完成目标模块的排布（图5-166）。

图5-165　“存款清单”页面　　　　图5-166　目标模块排布

⑤整体页面排布

在页面左上角辅以文字旁白，右侧放置头像。“早上好，快乐的鱼”与右侧头像相呼应，与用户有情感上的交流。文字“早上好，快乐的鱼”字号为35，颜色为#494D57，字距为0.15px，字体为苹方-简的中粗体（图5-167、图5-168）。

图5-167　头像部分字体设置

将绘制好的今日任务模块和目标模块放置在界面的内容范围中，调整位置，两模块间距设为23px，今日任务模块距离界面上边缘206px。图5-169、图5-170为完成的最终界面效果图。

图5-168　头像部分

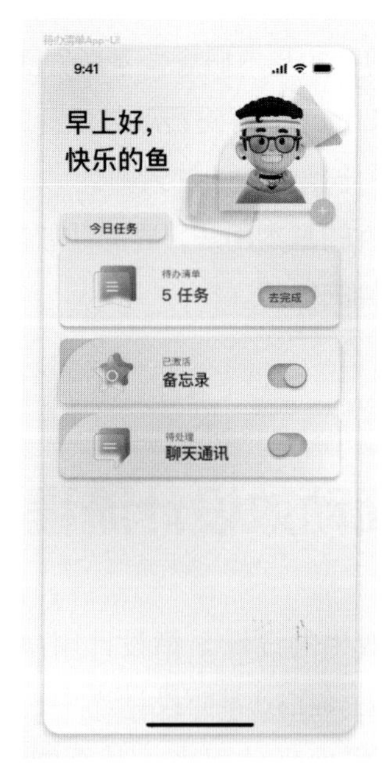

图5-169　头像部分+今日任务模块

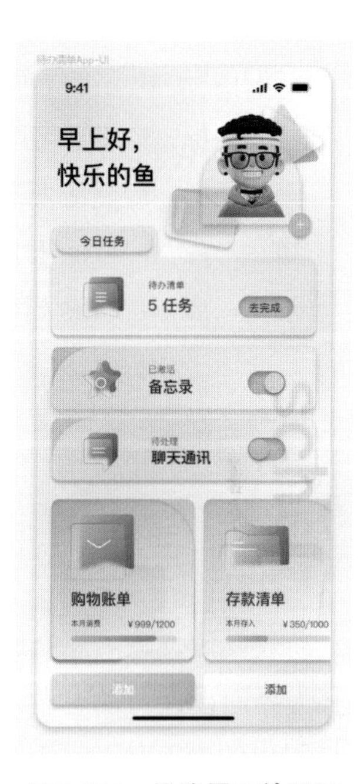

图5-170　最终界面效果图

本章小结

本章内容主要是使用软件进行界面视觉设计，需要掌握的主要内容包括：使用Sketch进行界面设计的方法；使用Figma进行界面设计的方法。

第6章 界面动效设计

知识目标 ● 了解界面动效设计的基本概念；了解界面动效设计的流程。

能力目标 ● 掌握使用After Effects软件进行动效设计的方法。

素质目标 ● 具备表现细腻、丰富的动效的素养。

重　　点 ● After Effects软件的基本用法；界面动效设计的基本流程。

难　　点 ● After Effects软件的使用。

6.1 界面动效设计流程与方法

动效设计，顾名思义即动态效果的设计，指设计用户界面上所有运动的效果，也可以视其为界面设计与动态设计的交集。在UI界面设计当中，一个好的动效设计可以提升UI界面与用户的交互体验，让枯燥的界面生动起来，甚至能带给用户一种“怦然心动”的感觉。合理的动效设计可以引导、取悦用户，减少等待时间，更能增加产品识别度。

动效动画的制作需要创作团队细致的分工与精诚的合作。在动画制作中，每一个环节都不可缺少，每一个环节的顺利进行都是整个动画按时按质完成的前提。在本节中，主要对动效动画设计的流程进行讲解。

（1）概念与草图

概念思维是设计画图过程中非常重要的第一步。概念草图是设计师的图形语言，是用图像这种直观的形式表达设计意图和理念，用以反映、交流、传递设计构思的符号载体，具有自由、快速、概括、简练的特点，有利于设计方案的产生和设计思路的扩展。因此，草图是设计前期的必备因素，是设计创造过程中首先与自己进行的交流，也是设计思维发展过程的真实记录（图6-1）。

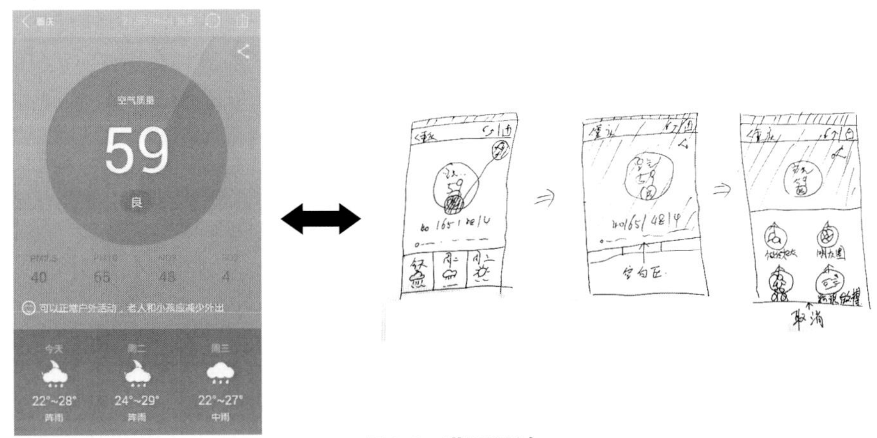

图6-1　草图设计

（2）分镜设计

分镜设计是根据剧本的文字描述，以一张张画面的方式，把剧本里的情节表现出来，再在每张画面上附上镜头、时间、对白、音效等有关的具体说明，形成一个连续的图画剧本（图6-2）。设计稿是对分镜画面的进一步细化，优化角色形象、背景、道具及氛围。

图6-2　分镜设计

（3）动效实现与输出

动画合成：把制作好的每一段镜头动画和绘制好的背景根据分镜的要求组接起来，形成完整的动画。**声音：**声音又包含角色配音、动态音效、背景音乐。**特效：**为了更好地表达某一特定动作或整个画面的特殊视觉效果，设计师绘制相应的特殊画面以烘托、加强画面所要表达的氛围。**渲染输出：**把录制好的声音元素分解对应到完整的动画合成轨道中，再在对应的位置添加特效，整体调校达到满意的效果，最后利用软件的合成功能渲染输出。至此，一个完整的动画就完成了。

6.2 界面动效设计要求

随着动态效果在UI界面中的应用越来越广泛，许多产品开始使用动态的方式进行表现，以新颖的方式传递品牌形象，给用户留下深刻的印象。UI界面中交互动画的设计并不是为了娱乐用户，而是为了让用户理解现在所发生的事情，更有效地说明使用方法。本节将介绍界面动效设计的具体要求。

UI界面交互动画设计可以被认为是新兴的设计领域的分支，如同其他的设计一样，它也是有规律可循的。在开始动手设计制作各种交互动画效果之前，不妨先了解一下下面的UI界面交互动画效果的设计要求。

富有个性：这是UI界面动画设计最基本的要求，UI界面动画设计就是要摆脱传统应用的静态设定，设计独特的动画效果，创造引人入胜的效果。

为用户提供操作导向：UI界面中的动画效果应该令用户轻松、愉悦。设计师需要将屏幕视作一个物理空间，将UI元素看作物理实体，它们能在这个物理空间中打开、关闭、任意移动、完全展开或者聚焦为一点。

为内容赋予动态背景：动画效果应该为内容赋予背景，通过背景来表现内容的物理状态和所处环境。

引起用户共鸣：UI界面中所设计的动画效果应该具有直觉性和共鸣性。界面动画的目的是与用户互动，并产生共鸣，而非令用户困惑甚至感到意外。UI界面动画和用户操作之间的关系应该是互补的，两者共同促成交互的完成。

提升用户情感体验：出色的UI界面动画是能够唤起用户积极的情绪反应的，平滑流畅的滚动能带来舒适感，而有效的动作执行往往能带来令人兴奋的愉悦和快感。

图6-3为某移动端应用程序的引导界面动效设计，其卡通形象与简洁的

图6-3　引导界面动效设计

介绍文字相结合，很好地说明了应用程序的主要功能和特点。界面动画的表现富有个性，操作简洁，提升了用户的体验，增加了趣味性。

6.3 After Effects界面动效设计案例

6.3.1 案例实战：下雪天气界面动效设计

本案例设计一个下雪天气的界面。该界面中“天气图标”逐渐显示，“天气信息”为由小到大“缩放”显示，“未来天气”图标依次显示。图6-4为下雪动态背景。

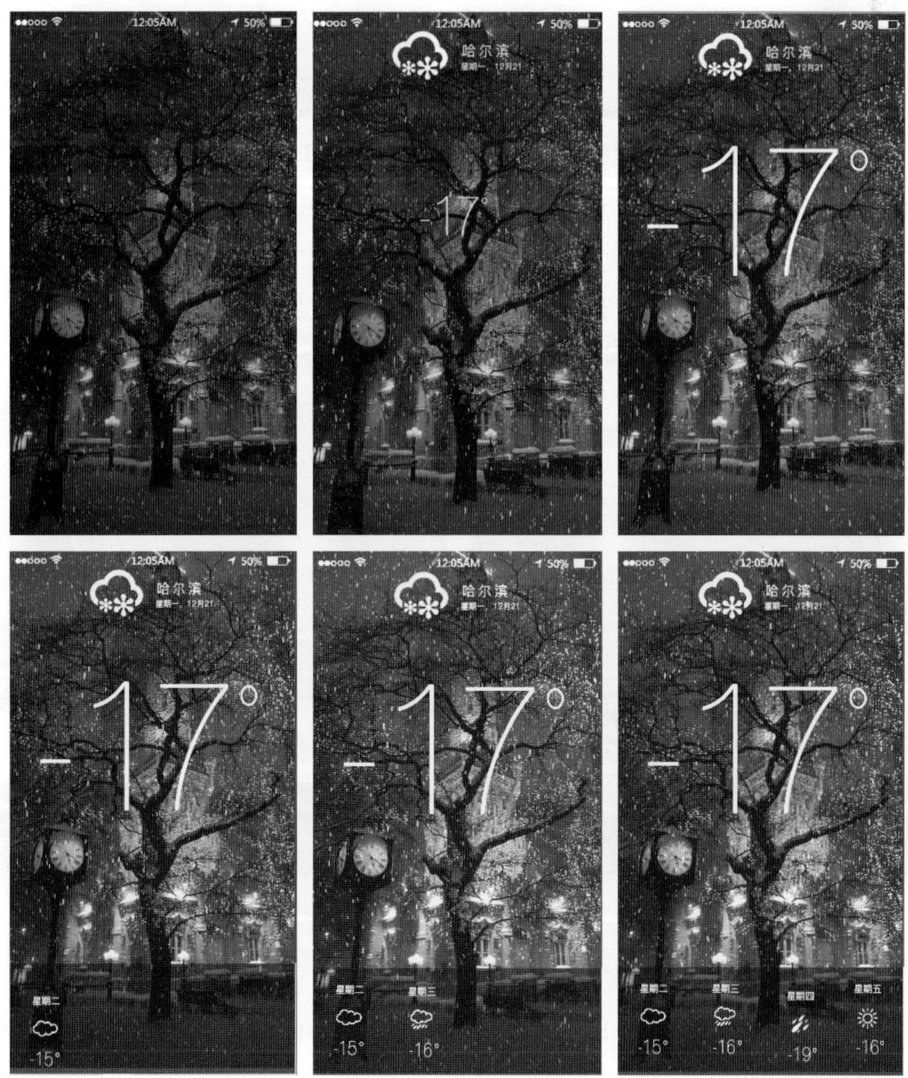

图6-4　下雪动态背景

（1）新建合成并导入素材

打开After Effects，执行“文件”-“导入”-“文件”命令，在弹出的“导入文件”对话框中选择本节素材“天气界面.psd”文件。单击“导入”按钮，在弹出的对话框中按图6-5设置各项参数。单击“确定”按钮，导入PSD素材自动生成合成（图6-6）。

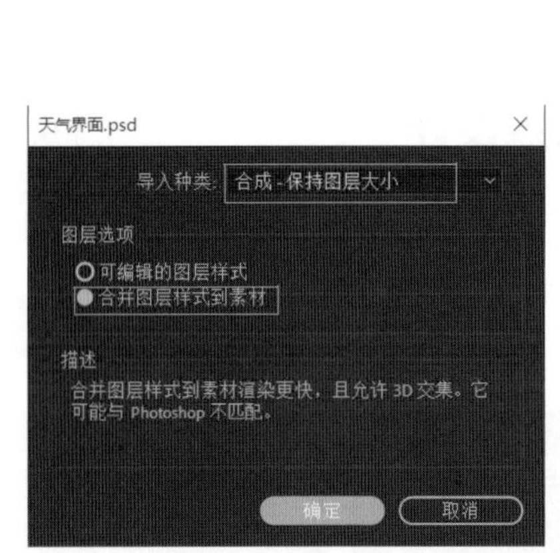

图6-5　设置参数

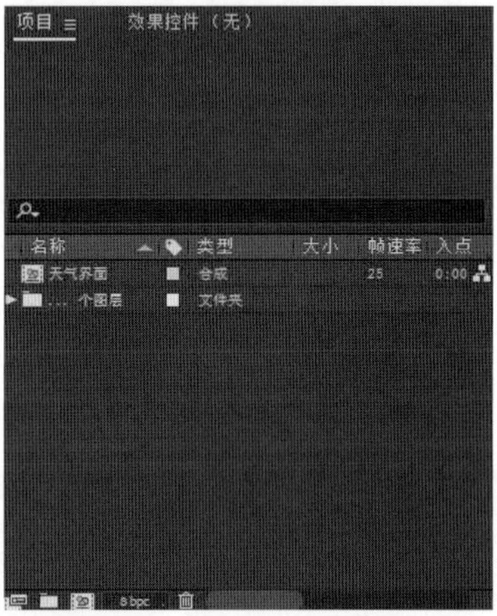

图6-6　“项目”面板

在“项目”面板中的“天气界面”合成上单击鼠标右键，在弹出菜单中选择“合成设置”选项，弹出“合成设置”对话框，设置“持续时间”为10秒（图6-7）。单击“确定”按钮，完成“合成设置”对话框的设置，双击“天气界面”合成，在“合成”窗口中打开该合成（图6-8）。在“时间轴”面板中可以看到该合成中相应的图层（图6-9）。

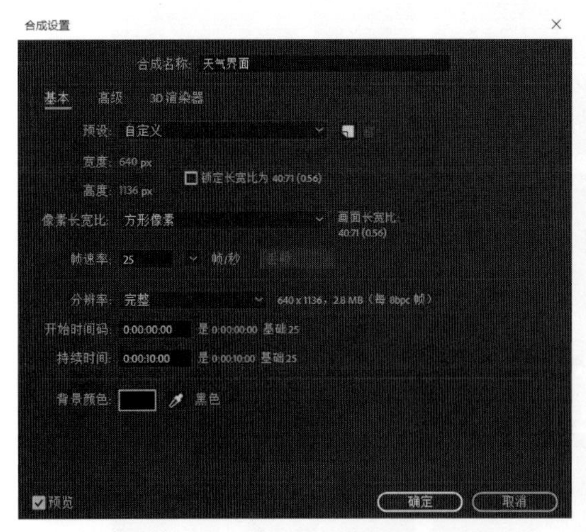

图6-7　“合成设置”对话框（1）

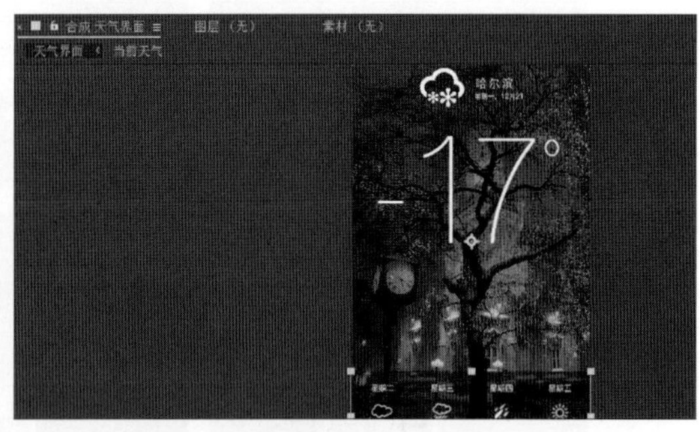

图6-8　“合成”窗口效果（1）

图6-9　“时间轴”面板图层（1）

注意：不仅需要设置“天气界面”合成的“持续时间”为10秒，还需要把“当前天气”和“未来天气”这两个合成的“持续时间”设置为10秒，并且将所有图层的持续时间都调整为10秒（图6-10）。

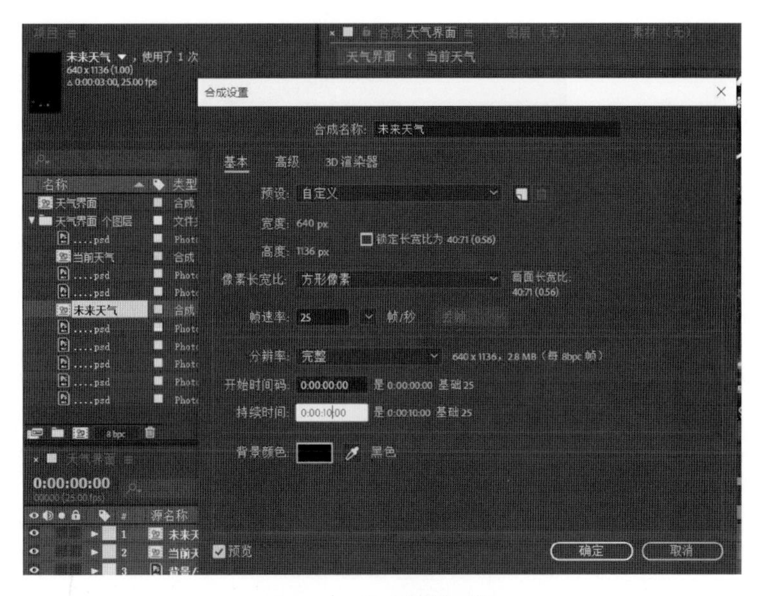

图6-10 设置持续时间

（2）设置“当前天气”动画效果

在“时间轴”面板中双击“当前天气”合成，进入该合成的编辑界面中（图6-11）。选择“天气图标”图层，将“时间指示器”移至0:00:00:12位置，按快捷键P，显示该图层的“位置”属性，为该属性插入关键帧（图6-12）。

图6-11 “当前天气”编辑界面

图6-12 插入“位置”关键帧（1）

将“时间指示器”移至起始位置，在“合成”窗口中将该图层内容垂直向上移至合适的位置（图6-13）。在“时间轴”面板中同时选中该图层的两个关键帧，按快捷键F9，为所选中的关键帧应用“缓动”效果（图6-14）。

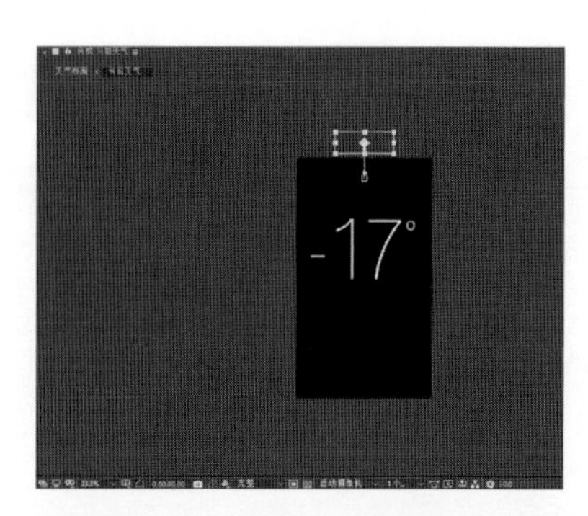

图6-13 移动“天气图标”

图6-14 设置“缓动”效果（1）

选择“天气信息”图层，按快捷键S，显示该图层的“缩放”属性，将“时间指示器”移至0:00:00:06位置，为“缩放”属性插入关键帧，设置该属性值为0%（图6-15）。“合成”窗口中的效果如图6-16所示。

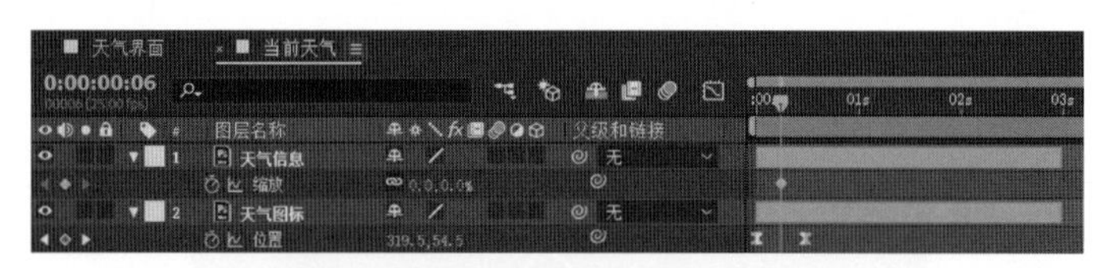

图6-15 设置“缩放”属性（1）

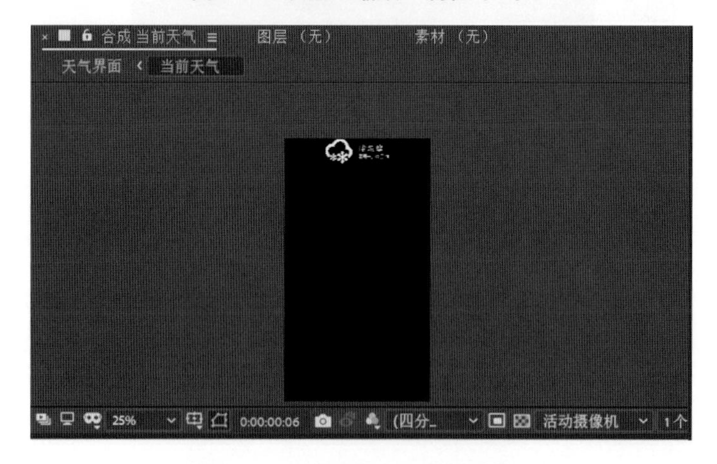

图6-16 “合成”窗口效果（2）

将“时间指示器”移至0:00:00:20位置，设置“缩放”属性值为100%（图6-17）。在“时间轴”面板中同时选中该图层的两个关键帧，按快捷键F9，为所选中的关键帧应用“缓动”效果（图6-18）。

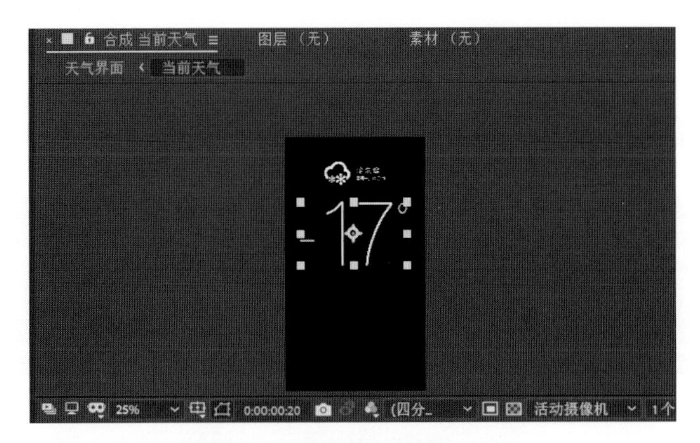

图6-17　设置“缩放”属性（2）

图6-18　设置“缓动”效果（2）

（3）设置“未来天气”动画效果

完成“当前天气”合成中动画效果的制作后，返回“天气界面”合成中，双击“未来天气”合成，进入合成的编辑界面中（图6-19）。选择“信息背景”图层，按快捷键T，显示该图层的“不透明度”属性，将“时间指示器”移至0:00:00:20位置，设置“不透明度”属性值为0%，插入该属性关键帧（图6-20）。

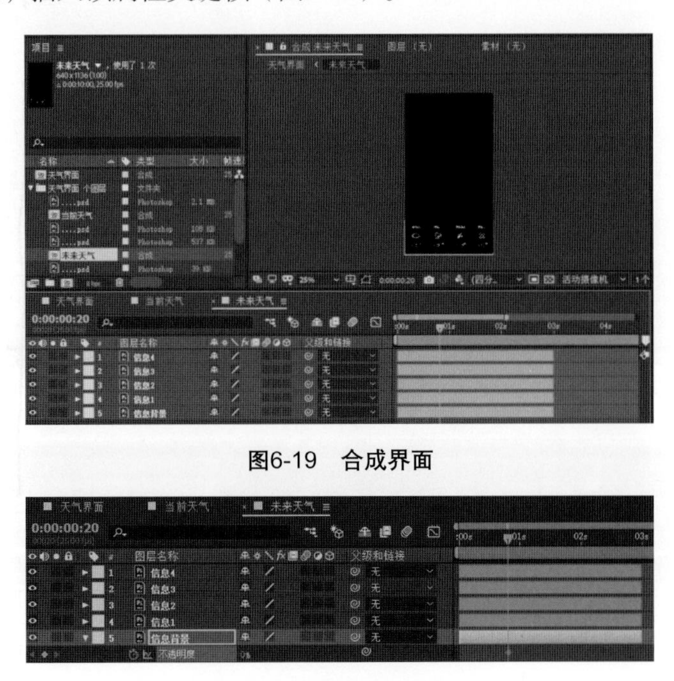

图6-19　合成界面

图6-20　插入关键帧（1）

将“时间指示器”移至0:00:01:08位置，设置该图层的“不透明度”属性值为100%（图6-21）。选择“信息1”图层，按快捷键P，显示该图层的“位置”属性，将“时间指示器”移至0:00:01:20位置，为“位置”属性插入关键帧（图6-22）。

图6-21 设置不透明度

图6-22 插入“位置”关键帧（2）

将“时间指示器”移至0:00:01:08位置，在“合成”窗口中将该图层内容向下移至合适的位置，如图6-23所示。选择“信息2”图层，按快捷键P，显示该图层的“位置”属性，将“时间指示器”移至0:00:02:03位置，为“位置”属性插入关键帧（图6-24）。

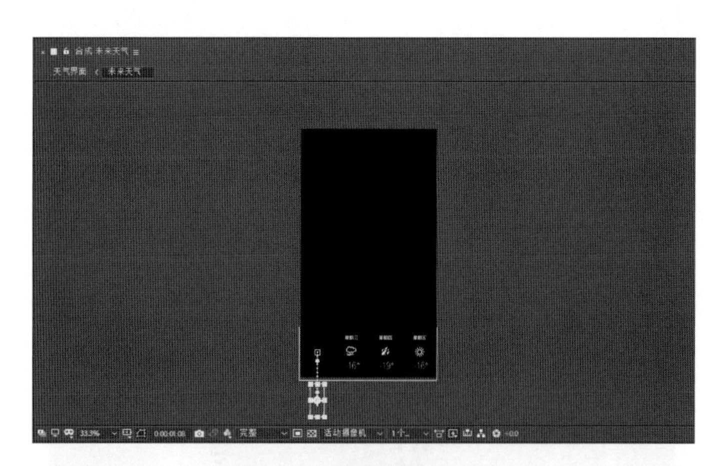

图6-23 移动位置（1）

图6-24 插入关键帧（2）

将“时间指示器”移至0:00:01:16位置，在“合成”窗口中将该图层内容向下移至合适的位置（图6-25）。选择“信息3”图层，按快捷键P，显示该图层的“位置”属性，将“时间指示器”移至0:00:02:11位置，为“位置”属性插入关键帧（图6-26）。

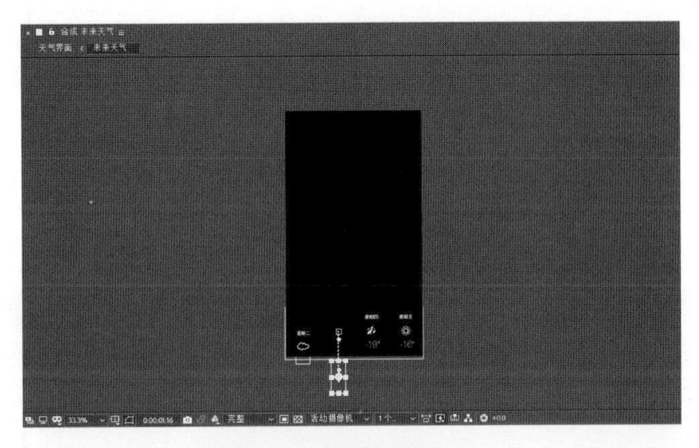

图6-25　移动位置（2）

图6-26　插入关键帧（3）

将“时间指示器”移至0:00:01:24位置，在“合成”窗口中将该图层内容向下移至合适的位置（图6-27）。选择“信息4”图层，按快捷键P，显示该图层的“位置”属性，将“时间指示器”移至0:00:02:19位置，为“位置”属性插入关键帧（图6-28）。

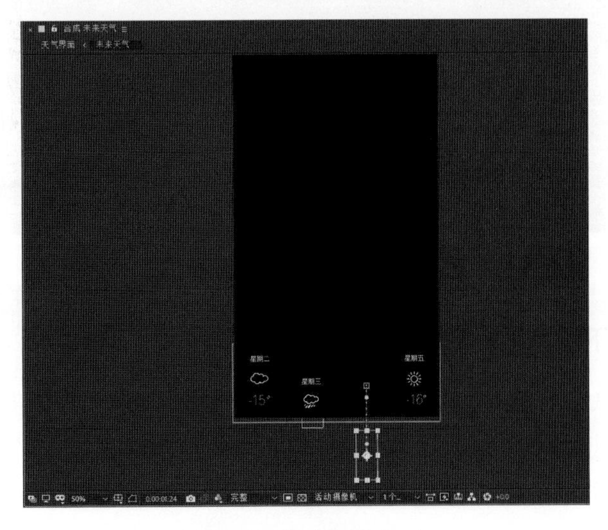

图6-27　移动位置（3）

图6-28　插入关键帧（4）

将“时间指示器”移至0:00:02:07位置，在“合成”窗口中将该图层内容向下移至合适的位置（图6-29）。为每个图层中的关键帧都应用“缓动”效果（图6-30）。

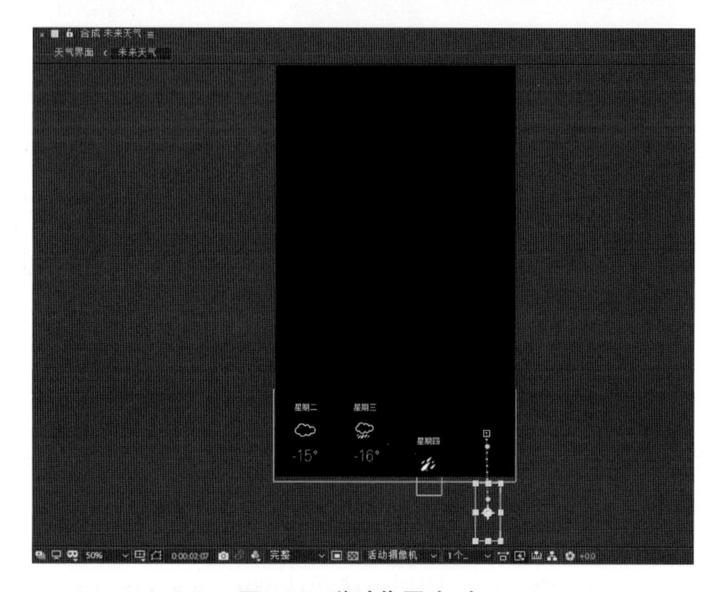

图6-29　移动位置（4）

图6-30　设置“缓动”效果（3）

（4）设置“下雪背景”动画效果

完成“未来天气”合成中动画效果的制作后，返回“天气界面”合成中。执行“图层”-“新建”-“纯色”命令，程序弹出“纯色设置”对话框，设置颜色为白色（图6-31）。单击“确定”按钮，新建纯色图层。将该图层调整至“背景”图层上方（图6-32、图6-33）。

图6-31　纯色设置

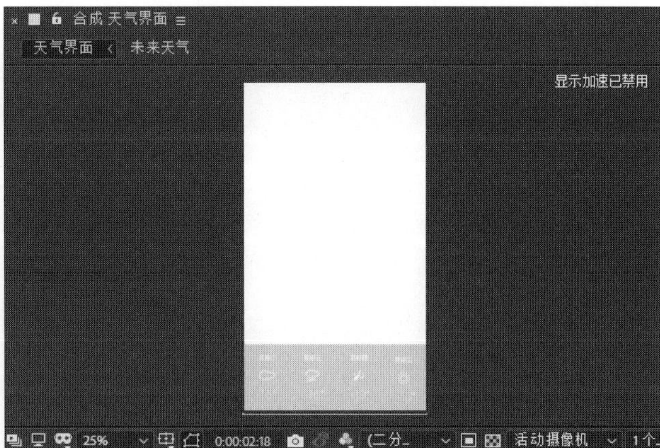

图6-32　新建纯色背景

图6-33　“时间轴”面板图层（2）

选择刚才新建的纯色图层，执行“效果”-“模拟”-“CC Snowfall”命令，为该图层应用CC Snowfall效果，在“效果控件”面板中取消Composite With Origin（原始合成）复选框的勾选状态（图6-34）。在“合成”窗口中可以看到CC Snowfall所模拟的下雪效果（图6-35）。

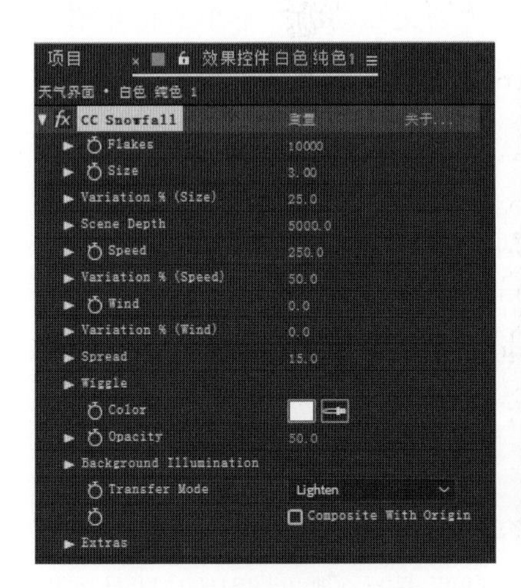

图6-34　“效果控件”面板

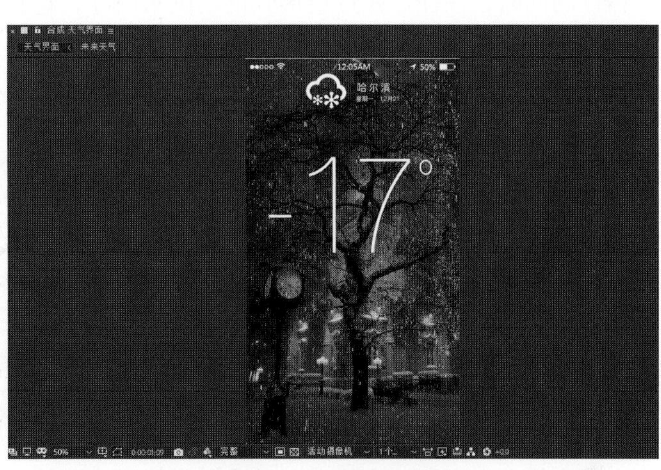

图6-35　模拟下雪效果

在“效果控件”面板中对CC Snowfall效果的相关属性进行设置，从而调整下雪的动画效果（图6-36）。在“合成”窗口中可以看到设置后的下雪效果（图6-37）。

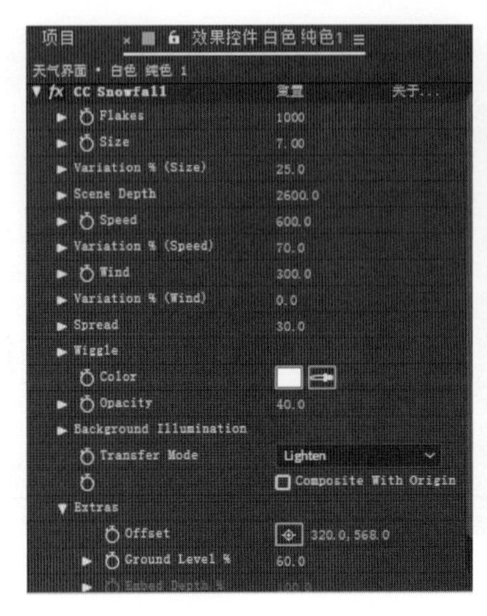

图6-36　调整“下雪”属性

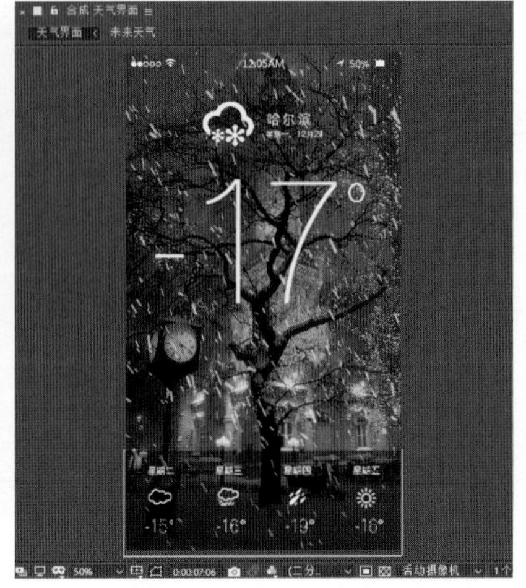

图6-37　下雪天气效果

执行“文件”–“保存”命令保存文件。单击“预览”面板上的“播放/停止”按钮可以在“合成”窗口中预览动画效果。也可以将该动画渲染输出为视频文件，再使用Photoshop将其输出为GIF格式的动画。

6.3.2 案例实战：转场动画设计

在使用一些移动端或PC端的应用软件时，常常会有在一些界面之间进行跳转切换的操作，尤其是在移动端设备上，因为屏幕尺寸和交互方式的特性，会更多地出现界面的跳转切换操作。突然从一个界面切换到另一个界面的情况会给用户带来困扰，所以在触发这些操作的同时，往往需要过渡形式的动画来引导，这就是转场交互动画。本小节将介绍移动UI界面中主流的转场动画效果，并通过实例详细讲解用After Effects制作转场的过程。

（1）主流的转场动画效果

转场动画效果是移动端应用最多的动态效果，连接两个界面。虽然转场动画效果通常只有零点几秒的时间，却能够在一定程度上影响用户对界面间逻辑的认知。通过合理的动画效果让用户更清楚从哪里来、现在在哪、怎么回去等一系列问题。在移动端应用中常见的主流转场动画效果主要可以分为以下四种类型。

①弹出

弹出形式的转场动画效果多应用于移动端的信息内容界面，用户将绝大部分注意力集中在内容信息本身上。当信息不足或者展现形式不符合自身要求时，临时调用工具对该界面内容进行添加、编辑等操作。在临时界面停留时间短暂，只想快速操作后重新回到信息内容本身上面，用户在该信息内容界面中进行操作时，可以单击界面右上角的“加号”按钮，相应的界面会以从底部弹出的形式出现（图6-38）。

②侧滑

当界面之间存在父子关系或从属关系时，通常会在这两个界面之间使用侧滑转场动画效果。通常看到侧滑的界面转场动画效果，用户就会在头脑中形成不同层级间的关系。如图6-39所示，每条信息的详情界面都属于信息列表界面的子页面，它们之间的转场切换通常采用侧滑的转场动画效果。

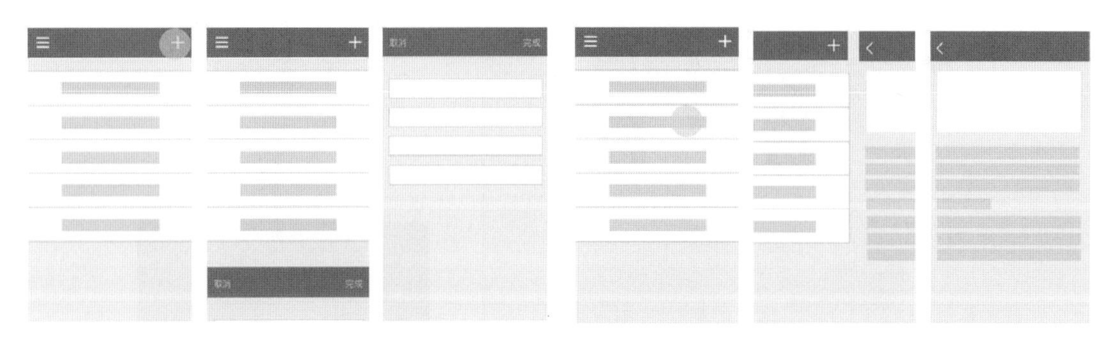

图6-38　弹出界面　　　　图6-39　侧滑界面

③渐变放大

渐变放大的界面切换转场动画与左右滑动的界面切换转场动画最大的区别是，前者大多用在张贴显示信息的界面中，后者主要用于罗列信息的列表界面中（图6-40）。

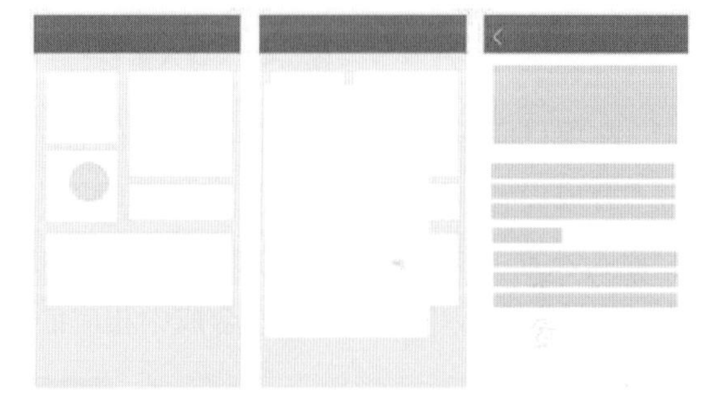

图6-40　渐变放大界面

④其他

除了以上介绍的几种常见的转场动画效果外，还有许多其他形式的转场动画效果。它们大多数都是高度模仿物理现实世界的样式，例如我们常见的电子书翻页动画效果就是模仿现实世界中的翻书效果。

（2）用After Effects制作侧滑转场动画

本案例制作一个侧边滑入菜单动画。最终动画效果如图6-41所示。

图6-41　最终动画效果

①导入素材并创建合成

首先打开After Effects，执行“文件”-“导入”-“文件”命令，在弹出的“导入文件”对话框中选择本案例配套素材文件夹中的“6-3-1.psd”（图6-42）。

单击“导入”按钮，在弹出的对话框中按图6-43所示设置各项参数。单击“确定”按钮，导入PSD素材，并自动生成合成。

图6-42 导入素材

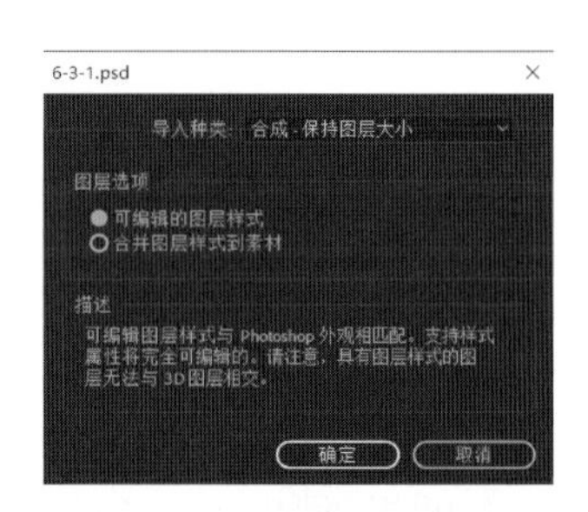

图6-43 导入素材参数设置

在项目面板中的合成上单击鼠标右键，在弹出菜单中选择“合成设置”选项，程序弹出“合成设置”对话框，设置“持续时间”为4秒（图6-44）。单击“确定”按钮，完成“合成设置”对话框的设置。双击“6-3-1合成”，在“合成”窗口中打开该合成，在“时间轴”面板中可以看到该合成中相应的图层（图6-45）。

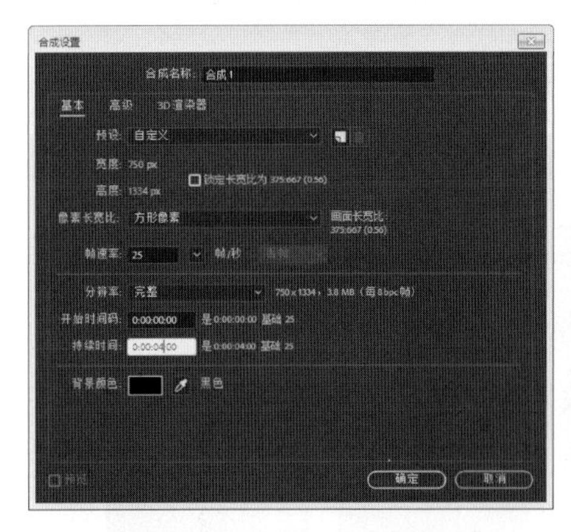

图6-44 “合成设置”对话框（2）

图6-45 “合成”窗口效果和“时间轴”面板

②制作图层的动画效果

制作“菜单背景”图层中的动画效果。在“时间轴”面板中将“背景”图层锁定，将“菜单选项”图层隐藏（图6-46）。选择“菜单背景”图层，将“时间指示器”移至0:00:01:16位置，为该图层下方“蒙版1”选项中的“蒙版路径”选项插入关键帧（图6-47）。

图6-46　锁定、隐藏图层

图6-47　插入关键帧（5）

按快捷键U，在“菜单背景”图层下方只显示添加了关键帧的属性（图6-48）。使用“添加‘顶点’工具”（图6-49），在蒙版形状右侧边缘的中间位置单击添加锚点（图6-50），并使用“转换‘顶点’工具”单击所添加的锚点（图6-51）。在垂直方向上拖动鼠标，显示该锚点方向线（图6-52）。

图6-48　显示关键帧属性

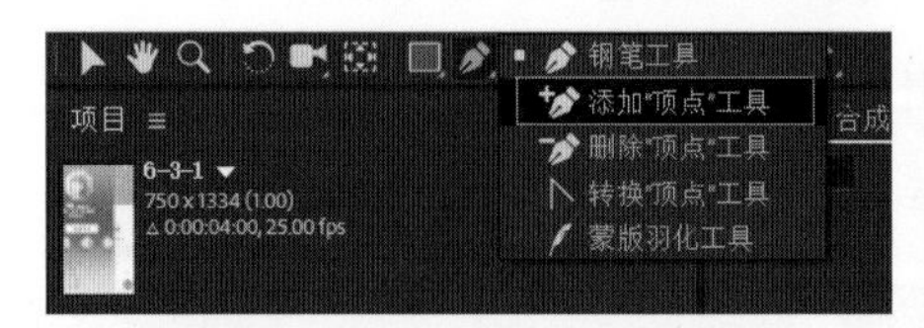

图6-49　添加“顶点”工具

图6-51　转换“顶点”工具

图6-50　添加锚点

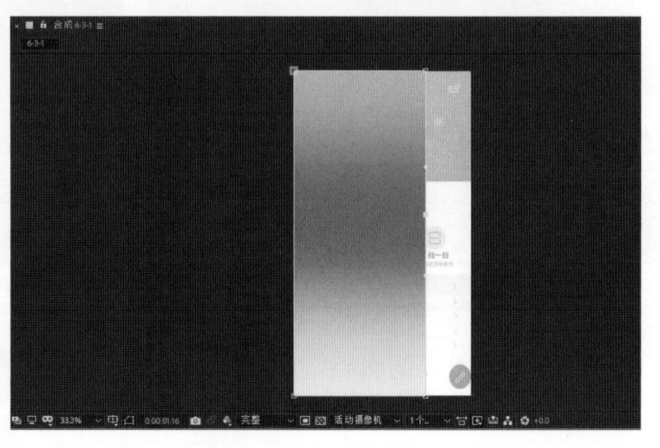

图6-52　显示锚点方向线

将“时间指示器”移至起始位置，选择“蒙版1”选项，在“合成”窗口中使用“选取工具”调整该蒙版图形到合适的大小和位置（图6-53）。将“时间指示器”移至0:00:01:00位置，在“合成”窗口中使用“选取工具”调整该蒙版图形到合适的大小和位置（图6-54）。

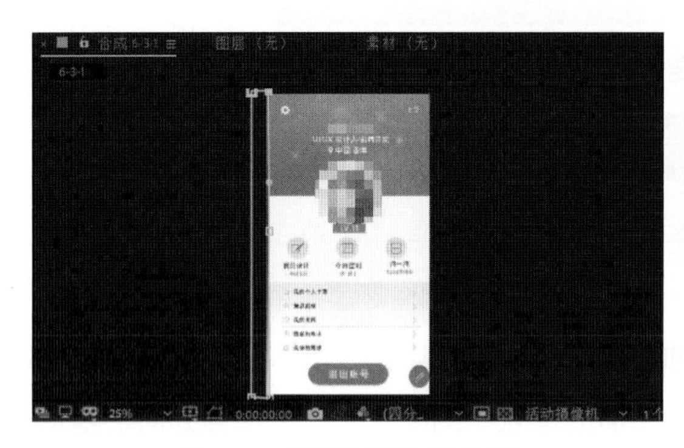

图6-53　蒙版图形初始位置

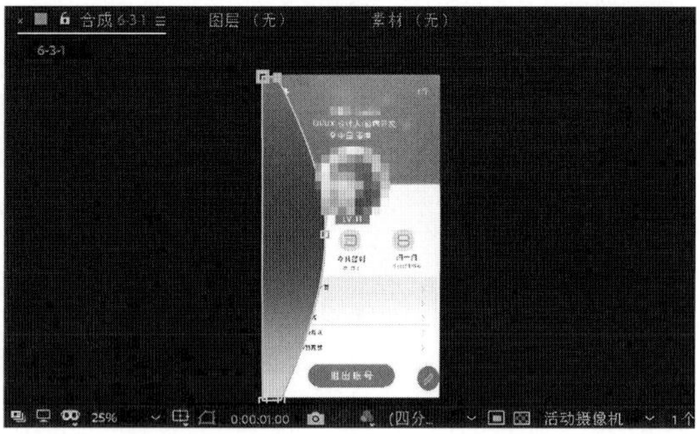

图6-54　蒙版图形1秒的位置

同时选中该图层中3个关键帧，按快捷键F9，为所选中的关键帧应用“缓动”效果（图6-55）。

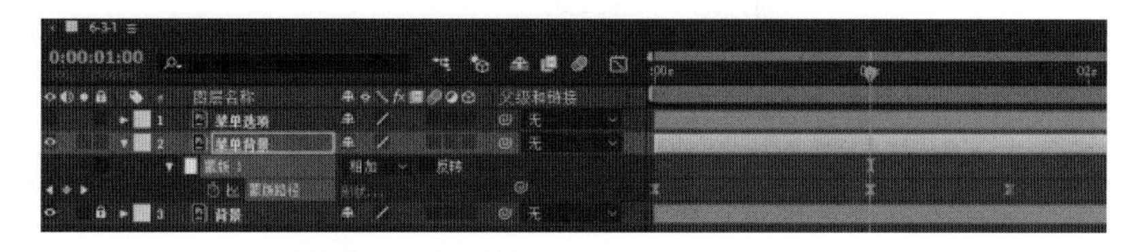

图6-55　设置“缓动”效果（4）

单击“时间轴”面板上的“图表编辑器”按钮，进入图表编辑器状态（图6-56）。单击右侧运动曲线锚点，拖动方向线调整运动速度曲线（图6-57）。

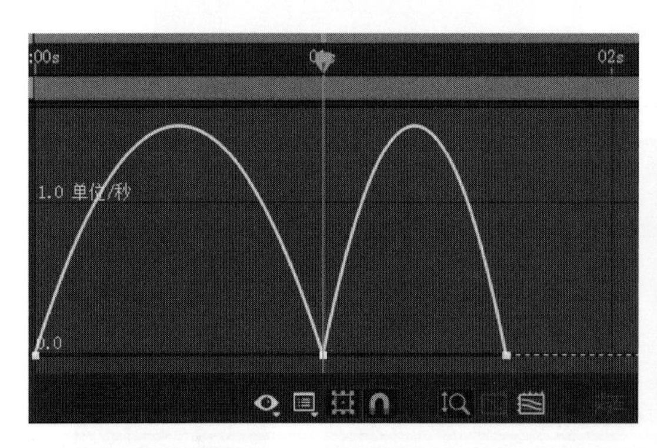

图6-56　图表编辑器

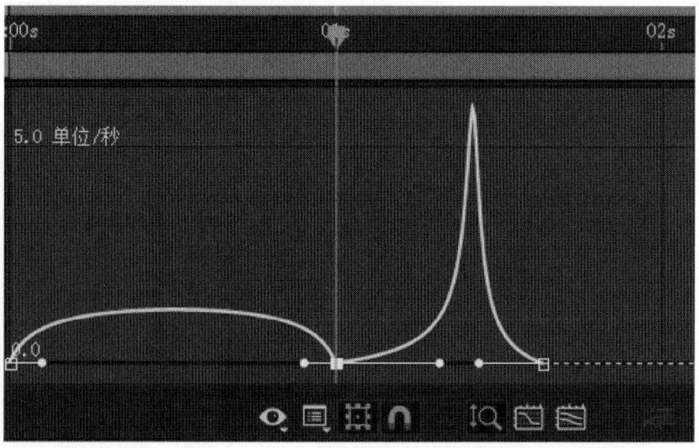

图6-57　调整运动速度曲线

再次单击“图表编辑器”按钮，返回默认状态。选择“菜单选项”图层，显示该图层，将“时间指示器”移至0:00:01:18位置，为该图层的“位置”和“不透明度”属性插入关键帧（图6-58）。“合成”窗口中的效果如图6-59所示。

图6-58　设置属性并插入关键帧

按快捷键U，在“菜单选项”图层下方只显示添加了关键帧的属性。将“时间指示器”移至0:00:01:00位置，在“合成”窗口中将该图层内容向左移至合适的位置，并设置其“不透明度”属性为0%，如图6-60所示。同时选中该图层中4个关键帧，按快捷键F9，为所选中的关键帧应用“缓动”效果（图6-61）。

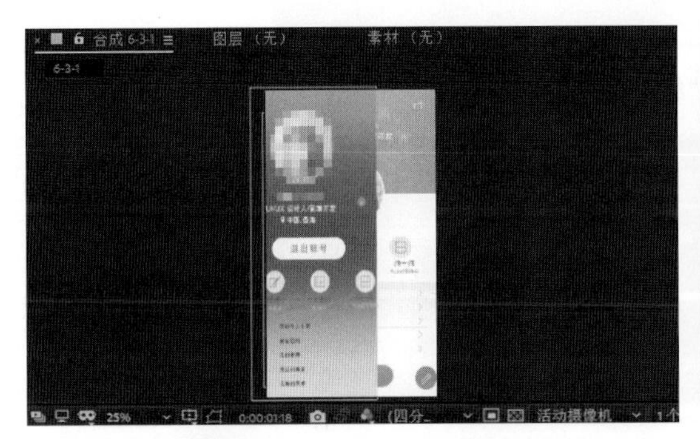

图6-59　合成窗口效果（1）

图6-60　移动位置（5）

图6-61　设置“缓动”效果（5）

执行“图层”-“新建”-“纯色”命令，新建一个黑色的纯色图层，将该图层移至“背景”图层上方（图6-62）。将“时间指示器”移至0:00:01:00位置，为该图层插入“不透明度”属性关键帧，并设置该属性值为0%（图6-63）。

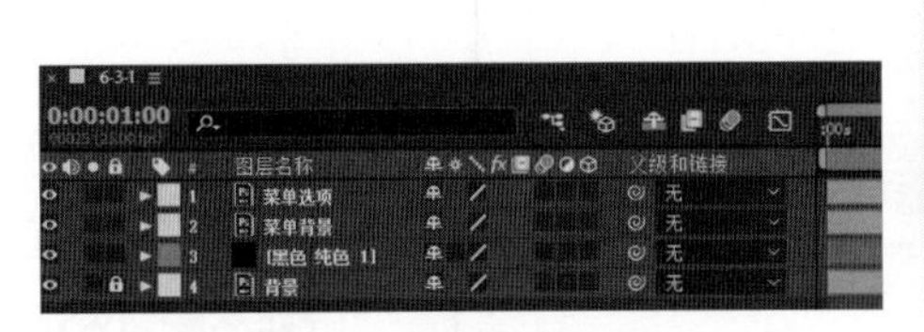

图6-62　新建纯色图层

图6-63　设置图层属性

将“时间指示器”移至0:00:01:16位置，设置该图层“不透明度”属性为50%（图6-64）。同时选中该图层中2个关键帧，按快捷键F9，为所选中的关键帧应用“缓动”效果（图6-65）。

完成该侧边滑入菜单动画的制作后，展开各图层所设置的关键帧，“时间轴”面板如图6-66所示。

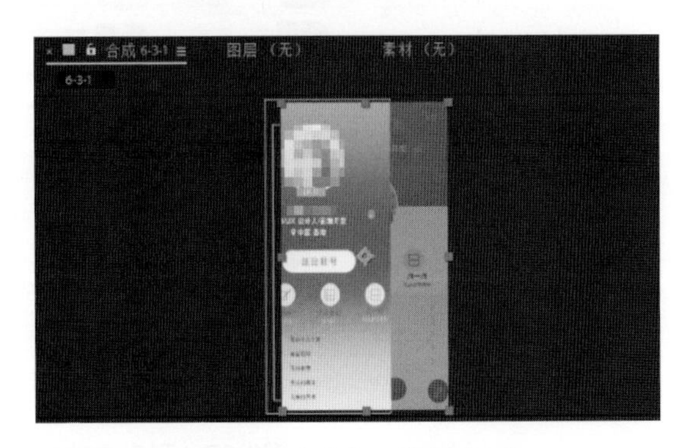

图6-64　合成窗口效果（2）

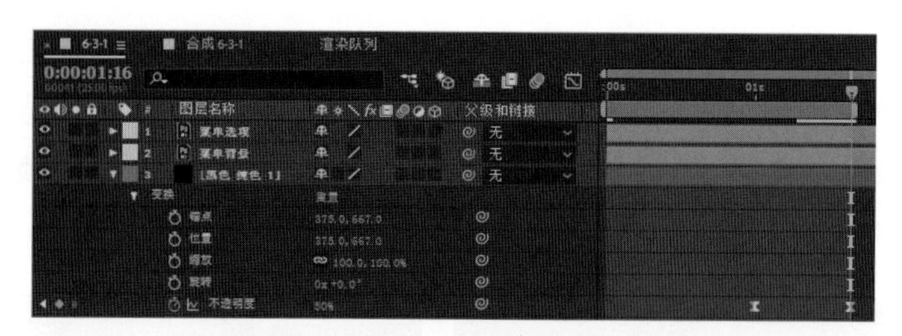

图6-65　设置“缓动”效果（6）

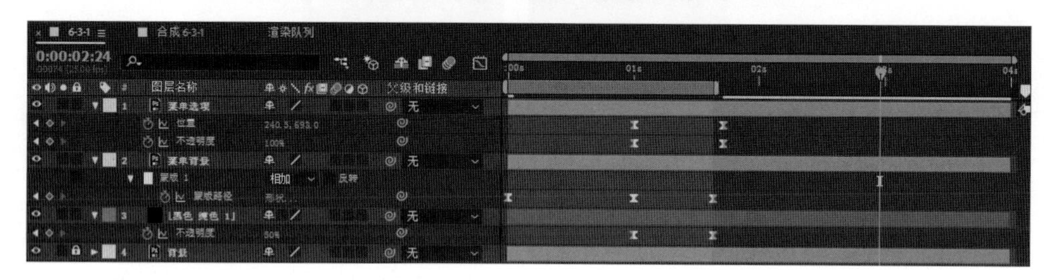

图6-66　“时间轴”面板图层（3）

执行“文件”-“保存”命令保存文件，单击“预览”面板上的“播放/停止”按钮，可以在“合成”窗口中预览动画效果。也可以将该动画渲染输出为视频文件。

6.3.3 案例实战：反馈交互动画设计

在交互界面设计中，常常要对用户的操作给予及时的响应和反馈，动效就是一种很好的响应和反馈方式。例如在手机输入解锁密码的页面，点击时，按钮透明度的动效可以让用户感知到点击生效，密码输入错误时，上方密码的抖动并消失也是一种很明确的反馈。

本部分通过制作一个列表滑动删除动画的实例（图6-67），详细讲解用After Effects制

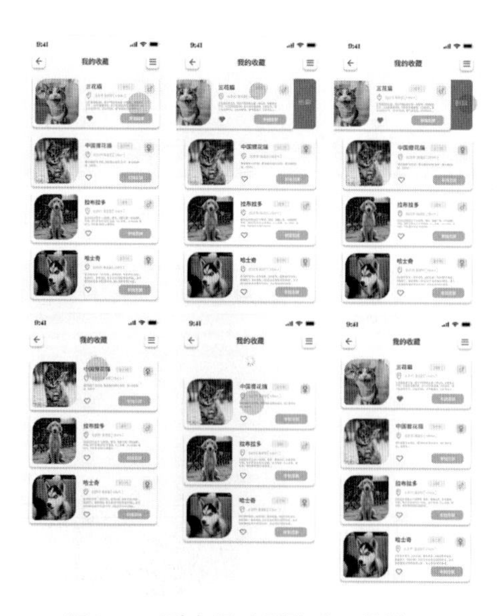

图6-67　列表滑动删除动画的效果

作反馈交互动画的方法。该动画的具体动效为：滑动删除界面中选项和界面刷新。具体制作步骤和微课视频见二维码。所用素材在本案例配套的素材文件夹中。

6.3.4 案例实战：界面展示动画设计

动效设计可以展示产品的功能、界面、交互操作等细节，让用户更直观地了解一款产品的核心特征、用途、使用方法等细节。展示动画的作用就是短时间内让用户对这款产品有一个大概的了解，让用户更快地进入使用环境。本部分将详细讲解界面展示动画的制作方法。

在该动画制作中，首先制作的是3张展示页从右至左进行位置移动切换的动画效果。当第3张展示页切换完成后，再从左至右进行位置移动切换（图6-68）。具体制作步骤和微课视频见二维码。所用素材在本案例配套的素材文件夹中。

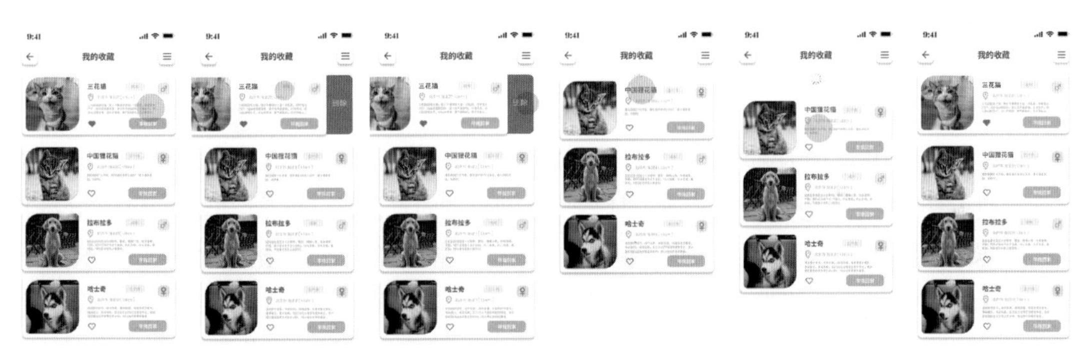

图6-68　界面展示动画的效果

本章小结

本章主要应用After Effects软件进行了界面动效设计与制作讲解。需要掌握的主要内容包括：界面动效设计的流程和方法；使用不同的设计方法进行界面动效制作。

第7章 界面高保真原型制作

知识目标 ● 了解界面高保真原型制作的工具；了解Figma软件的主要原型制作功能。

能力目标 ● 掌握界面设计中页面间架构设计、页面内架构设计的方法。

素质目标 ● 能够评价界面架构设计的优劣；熟悉界面架构设计趋势。

重　　点 ● Figma软件中交互功能的使用。

难　　点 ● Figma软件中原型触发、界面动画等工具的灵活应用。

7.1 界面高保真原型制作工具

目前，界面原型设计工具有与视觉设计工具融合的趋势，很多独立的原型开发工具已经停止更新，处在被淘汰的边缘。传统的Axure、Principle以独立制作原型为主的软件目前发展都比较缓慢，原因是这两个软件基本上没有视觉设计的能力。而以视觉设计起家的Sketch、Figma虽然原型制作的能力偏弱，但因为与视觉设计功能可以无缝连接，所以越来越受到设计师的欢迎。国内的界面设计文档转换工具——蓝湖也在向着设计端发展，推出的MasterGo平台不仅具有较强的视觉设计能力，原型制作的功能也非常丰富。下面对比几款原型设计工具。

Axure RP是一款功能强大的交互原型设计软件，它的强大之处在于其复杂交互设计能力，可以支持高度交互性的原型设计。它还提供了比较完善的团队协作功能，适用于大型项目开发。但是，对于初学者来说，Axure RP的学习曲线比较陡峭，使用起来相对复杂。Axure也是最受产品经理喜爱的原型设计软件之一，在不考虑视觉效果的前提下，制作原型的效率比较高。

Sketch是Mac平台最受欢迎的矢量图形编辑工具，虽然其主要是用于UI设计，但是它也支持制作交互原型，而且相对简单易学。Sketch的优点是使用起来非常方便快捷，用户界面也很直观，用户可以快速地进行设计和原型制作。但是它的团队协作功能较弱，需要结合其他软件进行协作。Sketch是最早的面向交互与界面设计的设计软件，有着大量的教程与素材库的支持，但操作系统的局限性也给了Figma等软件追赶的机会。

Figma是一款支持多平台使用的在线设计工具，它的主要优势在于云端协作功能，用户可以方便地进行实时协作，无论是团队协作还是客户反馈都非常方便。Figma还支持插件扩展，用户可以根据自己的需要添加不同的插件来扩展功能。Figma的学习曲线相对平缓，上手较为容易。Figma被Adobe公司收购之后，替代了原来的Adobe XD产品，可以看出Adobe公司对Figma未来潜力的期待。Adobe公司目前并没有明确指出未来XD产品和Figma之间的关系，也有二者并存的可能性。

MasterGo是一款较新的交互原型设计工具，被称为“最懂中国设计师”的界面设计软件，是软件国产化的一个优秀案例。它的主要特点是简单易用，能快速进行原型设计。MasterGo支持简单的拖拽操作和快速预览功能，可以让用户快速进行原型设计和交互效果预览；另外，MasterGo和国内知名的协同设计平台蓝湖的融合是一个优势。但是，相较于其他工具，MasterGo的功能还在持续更新中，目前还不适合进行复杂的交互设计。

除了以上四个常用的界面交互原型设计工具之外，还有Adobe XD、Principle、Flinto等多个设计软件可以选择，设计师可以根据自己的喜好进行选择。不论是哪个交互软件，它们的基础功能是类似的，一般都包括页面的导入与调整、功能与页面链接的设定、交互特效的设定、原型的展示这几个功能。这些软件之间的学习迁移是比较容易实现的。本章以Figma软件为例，介绍使用软件进行高保真交互原型制作的一般方法。

7.2 Figma软件中交互原型工具介绍及应用

Figma的操作板块可分为三类：设计、原型、代码。Figma想要给项目传达的思想就是“All-In-One”（一站式解决方案），这从一定程度上减少了不同软件的学习成本，提升了图层元素、效果、源文件等的转换效率。通过原型模式，用户可以进行概念稿的设计、交互逻辑的体验，同时还可以直接在线上展示和分享自己的原型。基础的交互操作、动效转场在Figma里都能被轻松制作出来。

Figma的原型功能允许创建交互式流程以模拟用户的交互方式。进入Figma原型模式的具体操作是：选择“图层”或“画框”后，在右侧属性面板上方的标签上点击切换为“原型”模式，则在原型面板中可看到一些原型属性，这时设计师可为图层或画框定义触发方式、动作和溢出行为等交互效果（图7-1）。

图7-1　原型模式属性面板

进入Figma原型模式后，使用连线把要制作动效的图层或画框连接在一起。在画框中的任何（子）对象都可作为一个热点，通过热点连线建立与其他画框的连接。例如文字、图像或图标、按钮等对象，都可通过热点连接到任何顶级画框，即设计中的任何其他屏幕，该画框将成为目标画框（图7-2）。

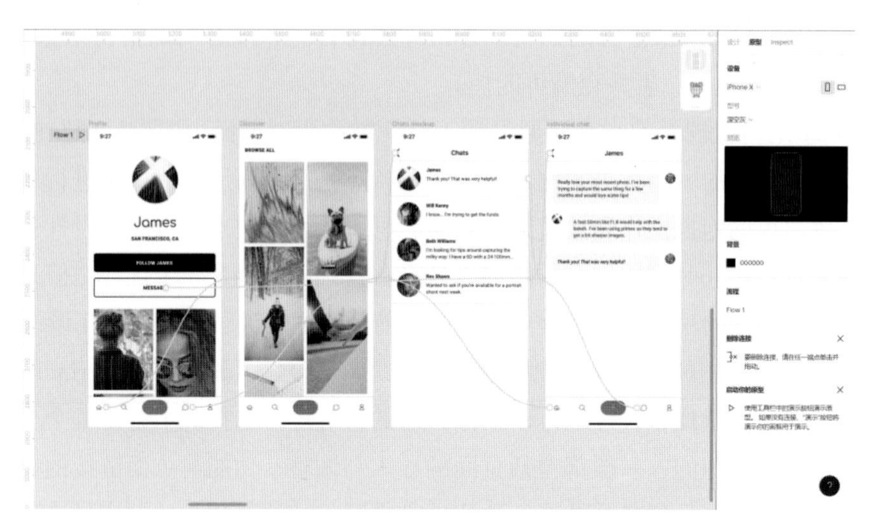

图7-2　画框中的对象作为热点与其他画框连接

下面将介绍Figma中一些关键的原型概念和设置。

（1）设置功能

当不选中画框时，“原型”模式下有“设备”和“背景”选项（图7-3）。

设备：选择需要展示的“设备”，可选择不同型号的手机、平板电脑、电脑等，默认是没有模型机的。选择“设备”后，还可调整“设备”的“型号”，通过“预览”查看样机外观是否为自己所需（图7-4）。

背景（预览原型的时候模型机后面的背景）：可以根据需要设定。

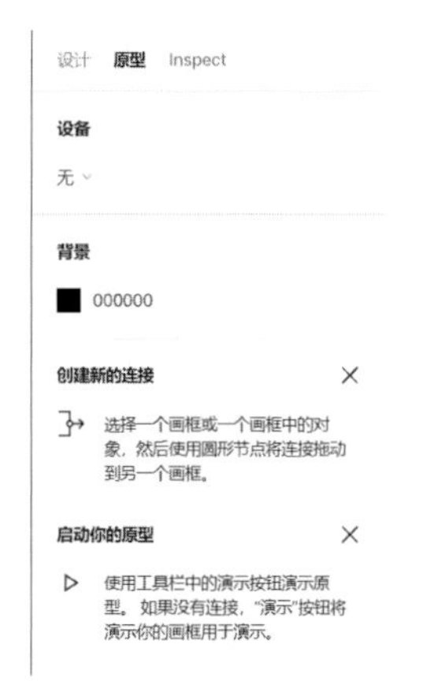

图7-3　不选中画框时原型模式属性面板

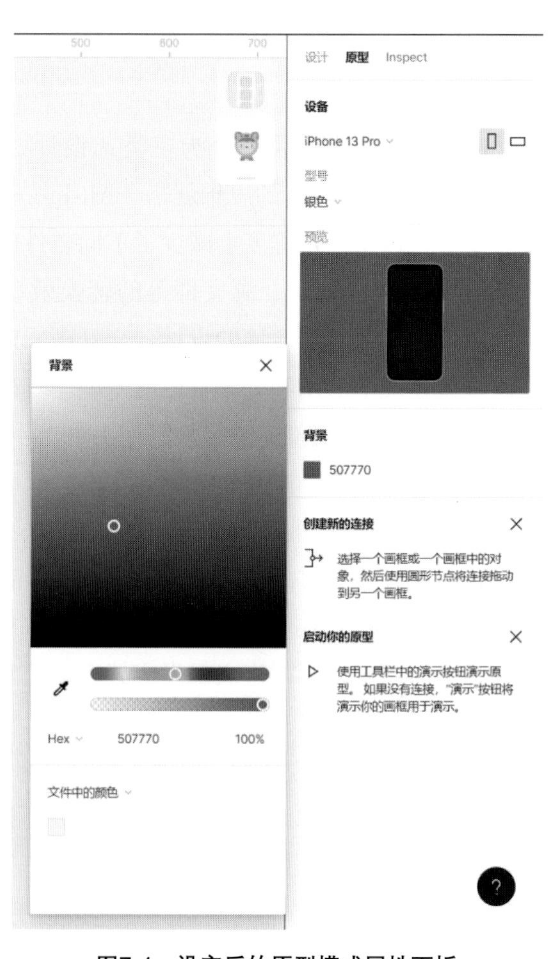

图7-4　设定后的原型模式属性面板

（2）触发器功能

制作完页面后就可以根据页面跳转制作原型了。直接点击需要制作热点的位置，例如以按钮为对象，在“原型”模式下，它的边缘会有一个白色蓝边的圆点在右边居中的位置，点击它并直接拖动到需要跳转的页面处即可完成连线，这样原型跳转就制作好了（图7-5）。

接下来可以对这个跳转进行一些设定，例如是“轻触”实现跳转还是“拖动”实现跳转等，这个功能设定在触发器中可修改。Figma交互属性列表中提供了10种触发器（图7-6）。

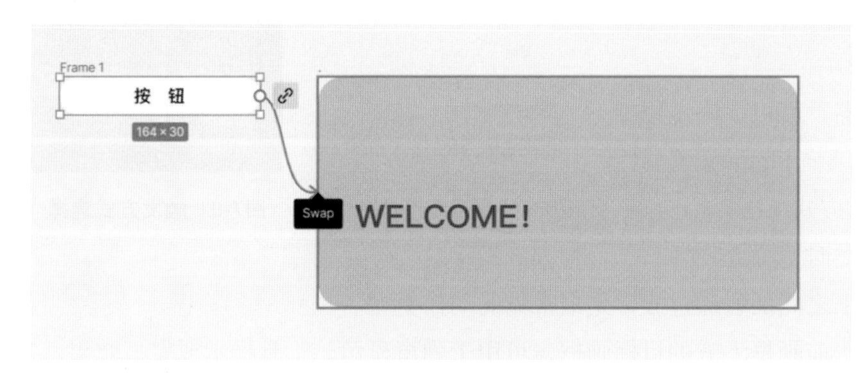

图7-5 按钮原型跳转

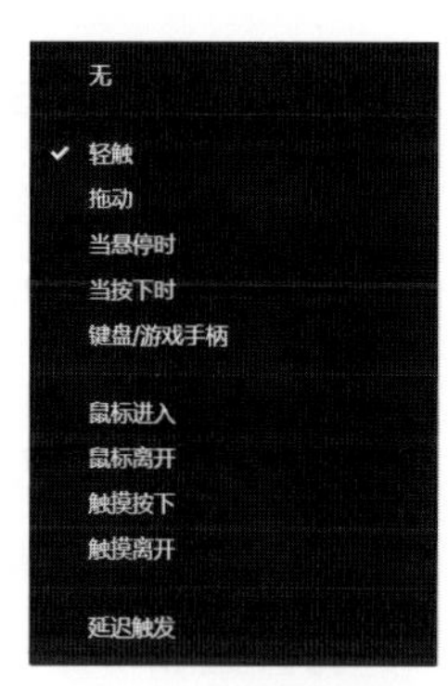

图7-6 触发器样式选择

轻触： 是最常用的触发器，只有在明确单击（桌面端）或轻击（移动端）对象后才允许执行操作。打开菜单、导航到另一个页面、关闭界面提示等都是此交互的重要用例。

拖动： 通过长按触发动作来操作，例如在左右滑动翻页时会用到。

当悬停时： 用户只需将光标悬停在热点上即可执行操作。当用户将光标移离热点时，它们将返回到原始画框。这非常适合模拟工具提示，当光标位于图标、图像、链接或其他对象上时显示消息，或是不需要将用户带离当前界面的其他交互。

当按下时： 只有在单击鼠标或触控板（在桌面上），或直接按下对象（在移动设备上）时，才会显示目标画框。释放后，将再次显示原始画框。适合模仿临时互动或状态变化，比如通过长按查看预览。

键盘/游戏手柄： 可以根据原型测试的需求，选择基于键盘或游戏手柄的触发器。

鼠标进入： 允许在鼠标移入热点区域时显示目标画框，类似于“当悬停时”的工作方式，但与“当悬停时”不同的是，当用户将鼠标移动到热点之外时，界面不会自动返回到原始状态。

鼠标离开： 当用户的鼠标离开热点区域时，此触发器显示目标画框。非常适合模拟屏幕上的提示，例如当字段尚未完成时发出警报或者检查信息。

触摸按下： 在首次按下鼠标时触发目标画框，或者当用户的手指首次触摸原型内的对象时触发移动设备。

触摸离开： 当释放鼠标时触发目标画框，或者当用户的手指停止触摸原型内的对象时触发移动设备。

延迟触发： 延迟触发器基于用户在当前画框上的时间，只能应用于顶级画框，而不能应用于特定图层或对象。允许在用户给定画框上延迟一定时间来演示原型或显示屏幕提示。可用于模拟聊天消息、通知警报或自动指向其他页面。

（3）触发方式

一旦定义了触发器，就可以确定原型的位置和方式（图7-7）。Figma交互属性列表中提供了8种触发方式（图7-8）。

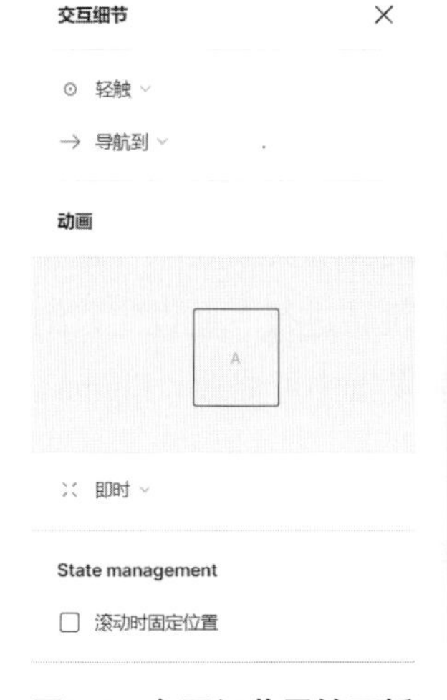

图7-7　交互细节属性面板

图7-8　触发方式选择

无： 不需要触发器时选择此项。

导航到： 两个画框之间的普通过渡，是最常见的动作类型。

打开叠加： 打开当前画框上方的目标画框，可用于弹窗显示、工具提示或警报效果。

交换叠加： 当普通画框中的热点触发时，交换的行为与导航类似。使用新的框架替换当前叠加层，新叠加层将保留与原始叠加设置相同的叠加设置。

关闭叠加： 关闭原始画框上出现的任何叠加层，适合模拟忽略屏幕提示或警报。

后退： 回到进入当前页面之前所在的页面，适合模拟原型中的返回按钮。

滚动到： 以滚动的方式跳转到目标画框。

打开链接： 允许用户定向到原型之外的链接地址（URL），适用于外部链接或主导航中不可用的其他资源。选择后，可在提供的字段中输入URL。

（4）动画功能

Figma交互属性列表中提供的动画有8种，主要有“即时”“溶解”“智能动画”“移入”“移出”“推动”“滑入”“滑出”（图7-9）。在选择“动画”的属性上方，Figma会以简单动画的形式进行简要演示，以帮助用户选择适宜的动画样式。

（5）溢出滚动功能

Figma交互属性列表中提供的“溢出滚动”有4种：“无滚动”“水平滚动”“垂直滚动”“水平&垂直滚动”（图7-10）。

图7-9　动画样式选择

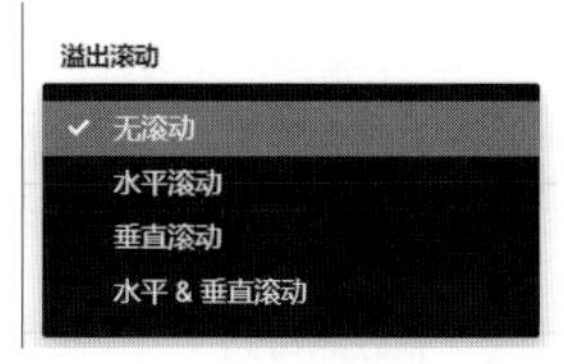

图7-10　溢出滚动样式选择

“溢出滚动”用于模拟更高级的用户交互，比如横滑导航、照片墙或互动地图，以及简单地向下滚动内容页面。

7.3 案例实战：宠物App界面原型设计与制作

（1）新建项目

打开Figma主页面，选择“新建设计文件”，将文件名称命名为“携宠商店App界面设计”（图7-11）。

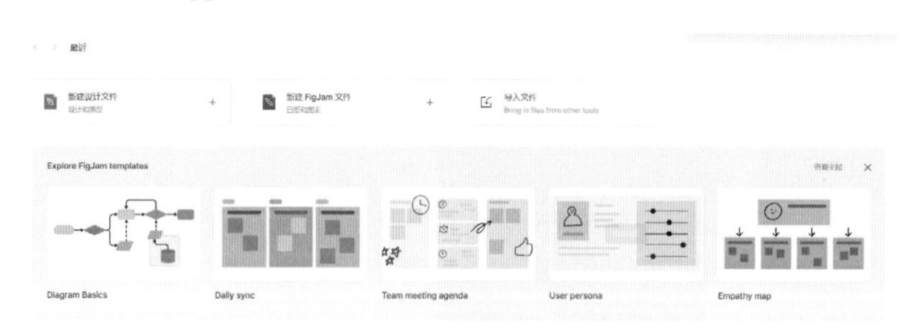

图7-11　新建项目

点击工具栏上的“画框”创建画框，也可通过快捷键F或A来快速创建画框，在右侧属性面板选择“画框”（画框尺寸）-“手机”-“iPhone13/13 Pro”（图7-12）。

修改画框名称为“启动页”（图7-13）。

图7-12　选择尺寸　　　　图7-13　画框重命名

制作界面时，左右应有一定尺寸的留白。可通过快捷键Shift+R或者主菜单的“查看”-“标尺”来显示标尺工具。将鼠标放在XY标尺上并点击，添加辅助参考线（图7-14）。

点击画框，在右侧属性面板中更改画框的“圆角半径”，数值设置为20（图7-15）。

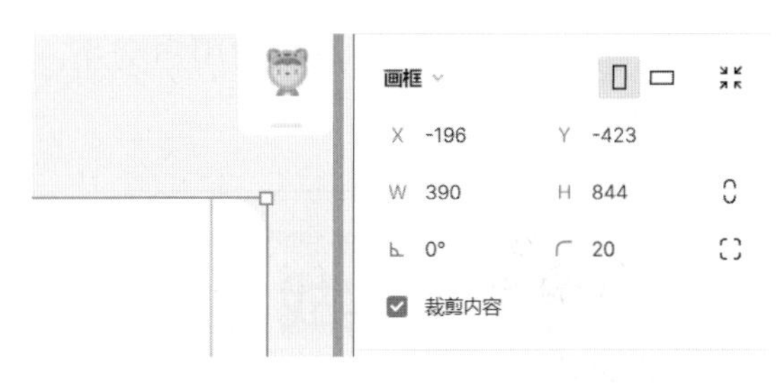

图7-14　添加辅助参考线（3）

图7-15　更改画框的圆角半径

（2）制作启动页

开始制作，以达到如图7-16所示的效果。

首先修改画框背景色（图7-17）。

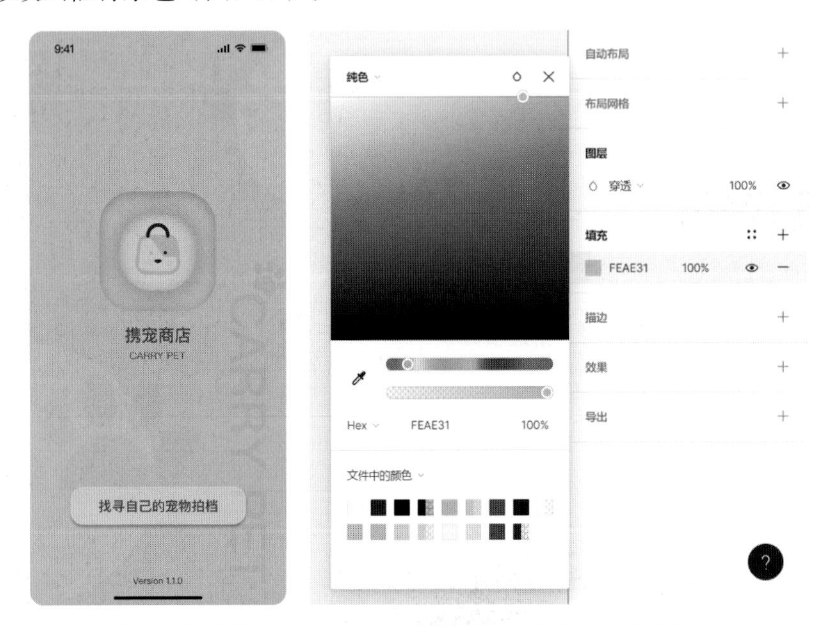

图7-16　启动页最终效果图

图7-17　修改画框背景色

利用“形状工具”和“绘画工具”制作携宠商店Logo。首先用“文本工具”创建名字，用“形状工具”中的“矩形”和“椭圆”绘制Logo的基础形状，并在属性面板中对其进行圆角处理。通过工具栏的“编辑对象”功能对圆形和矩形中的点进行编辑修改，制作出Logo所需要的各个图形，并对各元素进行位置排布，制作出携宠商店Logo（图7-18）。对摆放好位置的Logo进行框选，按住Ctrl+G进行编组处理，可使其共同移动，方便后续高效使用。

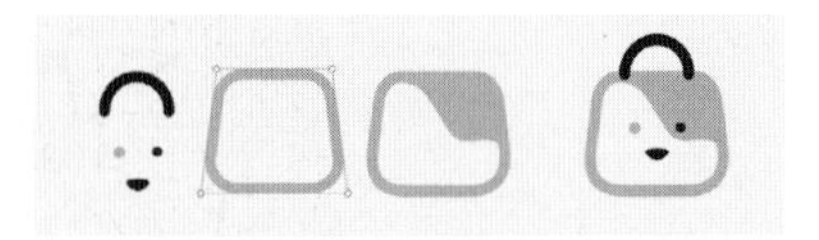

图7-18　制作携宠商店Logo

创建两个矩形，分别为其增加效果样式“内阴影-模糊20”和“投影-模糊50”，作为启动页Logo后面的背景，并将上述的携宠商店Logo与两个矩形进行“水平居中”和“垂直居中”对齐（图7-19）。

制作启动页标语元素。用“形状工具”创建矩形，大小为266px×56px，填充颜色和描边，并为其添加“投影”效果；用“文本工具”创建文字“找寻自己的宠物拍档”，将其“水平居中”和“垂直居中”对齐矩形（图7-20）。

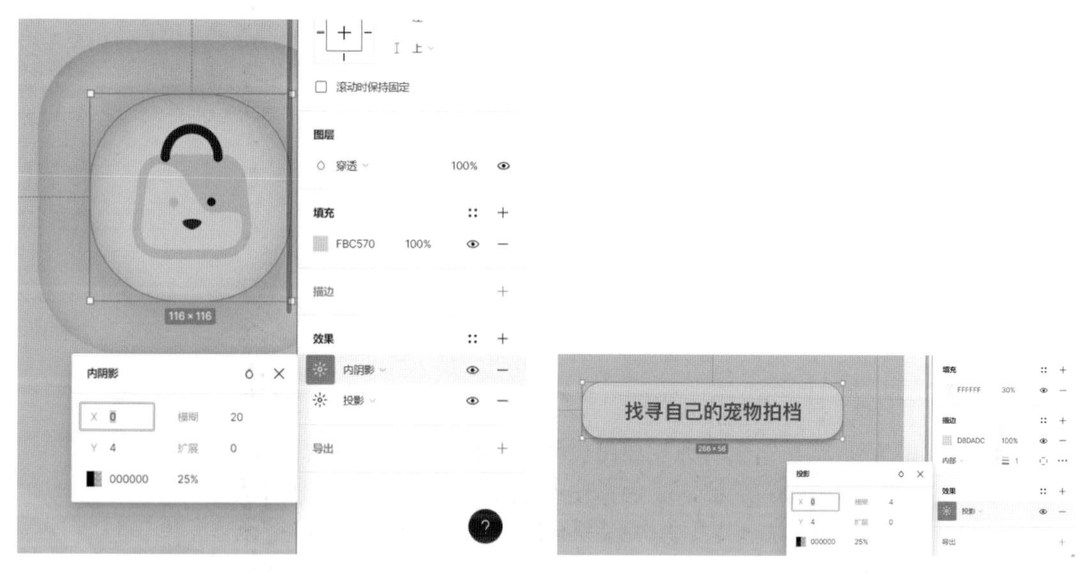

图7-19　Logo与Logo背景效果　　　　图7-20　启动页标语元素

制作启动页背景装饰元素。将带有宠物脚印图形的PNG图片拖入Figma，复制三个并分别更改各个图片的大小和透明度，将其移动到界面中合适的位置。添加圆形元素，降低透明度，将其与宠物脚印图形相互叠加放置。用“文本工具”创建文字“CARRY PET”，降低透明度并将其顺时针旋转90° 放置在界面右下角。所有装饰元素放置在界面底层，丰富界面细节（图7-21）。

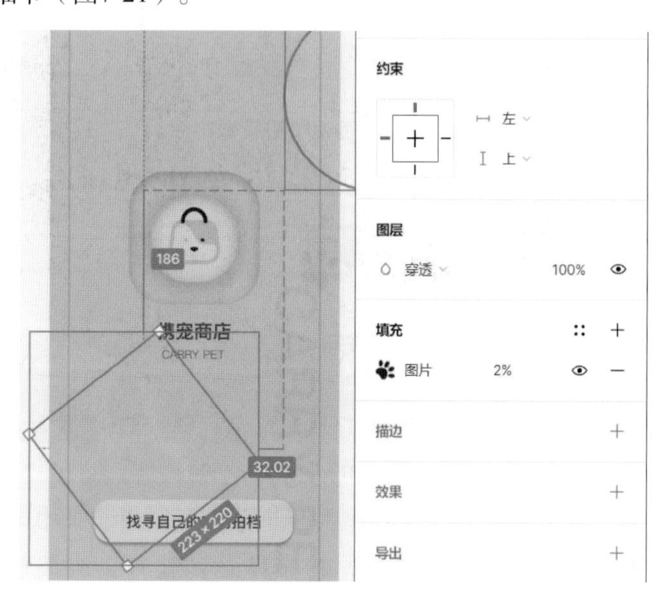

图7-21　界面装饰元素

放置iPhone状态栏和小横条。将iPhone状态栏和iPhone标志性的底部小横条素材粘贴到启动页面，按住Ctrl+G组合键进行编组处理，并“水平居中”对齐启动页画框，效果如图7-22所示。至此，启动页部分已全部完成。

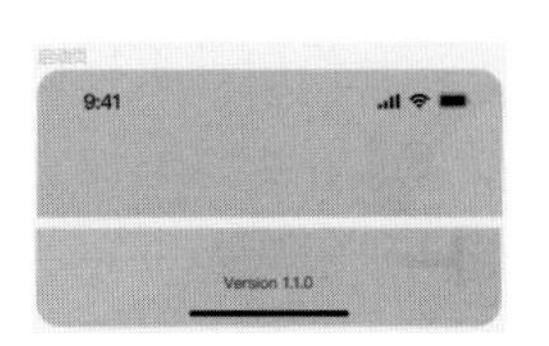

图7-22 iPhone状态栏和小横条

将启动页效果图制作成原型。首先将右侧属性面板上方的标签切换为“原型”模式（图7-23）。

图7-23 切换至“原型”模式

复制启动页画框并删除页面所有内容，命名为“登录页”。单击已选中要连接的第一个启动页画框，画框右边边缘居中的位置出现白色蓝边的圆点，点击它并直接拖动到登录页，完成连线。在原型“交互细节”面板中选择“延迟触发”，并将时间设置为2500ms，触发方式选择“导航到”至“主页-宠物类别-狗”页。值得注意的是，只有当选中的内容为画框整体时，触发效果中才有“延迟触发”选项。在动画效果中选择“智能动画”。所有设置如图7-24所示。

图7-24 启动页效果图原型制作

设置完成后，可点击右上方的“演示”按钮查看效果（图7-25）。

图7-25 “演示”按钮

（3）制作登录页

开始制作登录页，以达到如图7-26所示的效果。

图7-26 登录页最终效果图

在上一步新建的登录页画框中继续制作内容。首先复制启动页中的状态栏、小横条、携宠商店Logo及文字，将其粘贴到登录页；按住Ctrl+G进行编组处理，并将其置于页面顶层。创建一个矩形，吸取Logo

中的黄色作为矩形背景颜色，并将其左上角“圆角半径”数值设置为30，与启动页画框下对齐（图7-27）。

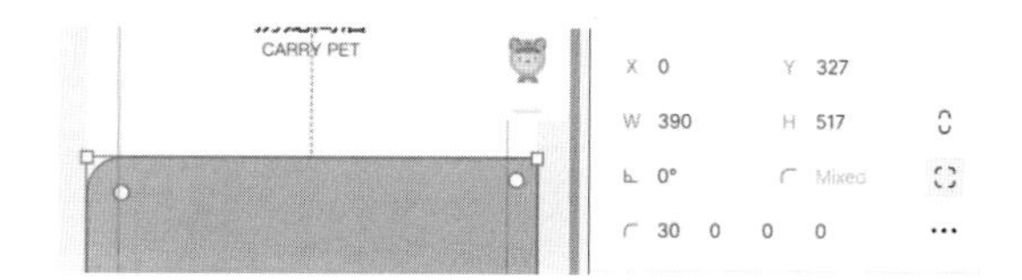

图7-27　矩形背景

制作登录界面的矩形画框和按钮。根据内容所需位置对各个矩形填充颜色和描边（图7-28）。

填充登录页文字。用“文本工具”依次创建文字“您好，欢迎光临！”“登录”“注册”“账号”“密码”，字体设置为苹方-简的中粗体，颜色设置为#202020，加粗。创建文字“手机号/邮箱”“密码”“忘记密码？”，字体设置为苹方-简的中粗体，颜色设置为#202020，透明度50%。使用“符号素材-密码不可见”图标，并将其粘贴到界面中，与密码框“垂直居中”置于右侧（图7-29）。

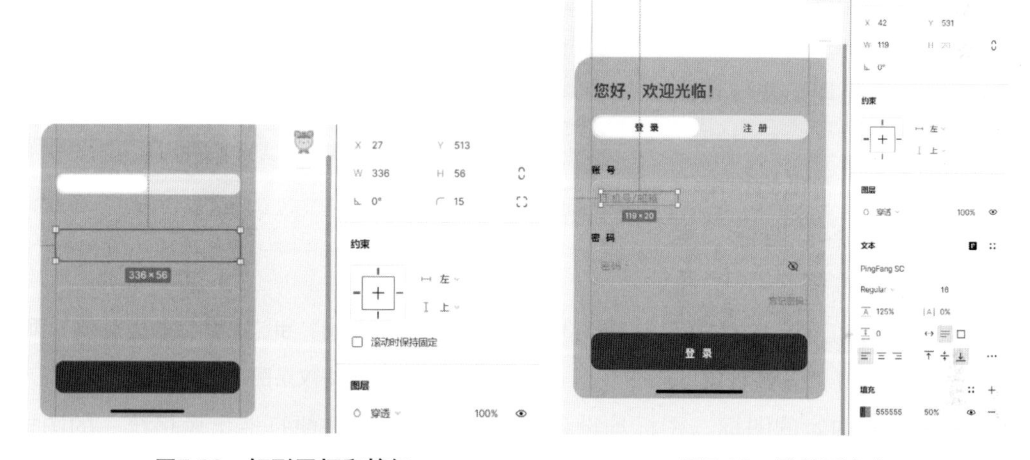

图7-28　矩形画框和按钮　　图7-29　登录页文字

将登录页效果图制作成原型。将右侧属性面板上方的标签切换为“原型”模式。复制登录页画框并删除页面所有内容，命名为“主页-宠物类别-狗”。单击“登录”的按钮，画框右边边缘居中的位置出现白色蓝边的圆点，点击它并直接拖动到“主页-宠物类别-狗”页，完成连线。在原型“交互细节”面板中选择“轻触”，触发方式选择“导航到”至“主页-宠物类别-狗”页，动画效果选择“智能动画”，形式选择“前后缓动”。所有设置如图7-30所示。

图7-30　登录页效果图交互原型制作

按钮关联完成后，可点击右上方的“演示”按钮查看效果。

（4）制作主页

开始制作“主页-宠物类别-狗”页面，以达到如图7-31所示的效果。

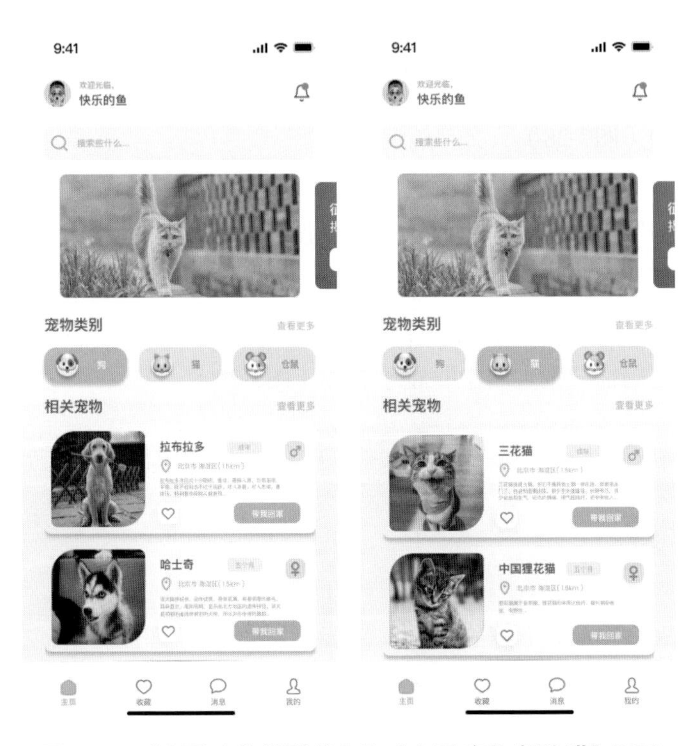

图7-31 “主页-宠物类别-狗”和“主页-宠物类别-猫”页面最终效果图

在上一步新建的“主页-宠物类别-狗”页画框中继续制作内容（“主页-宠物类别-猫”页的制作可复制该画框进行内容修改）。首先复制登录页中的状态栏和小横条，将其粘贴到“主页-宠物类别-狗”页，按住Ctrl+G进行编组处理，并将其置于页面顶层。

制作标签栏。首先构想出标签栏要放置的内容：图标“主页”“收藏”“消息”“我的”。用“形状工具”的“矩形”结合工具栏的“编辑对象”功能绘制出四个内容的图标，图标均设计成封闭的形式，以便打造出风格统一的图标样式。用“文本工具”依次创建文字“主页”“收藏”“消息”“我的”，并放置在对应图标的下方，和图标“水平居中”对齐。图标有不同状态，分为点按及未点按状态（未点按状态下为灰色线框样式，点按状态下为亮色填充样式），以此达到更好的用户体验。复制线框绘制的灰色图标，在右侧的属性面板中修改图标“线框”颜色为#FF9B00；点击“填充”，颜色设置为#FEAE31（图7-32）。

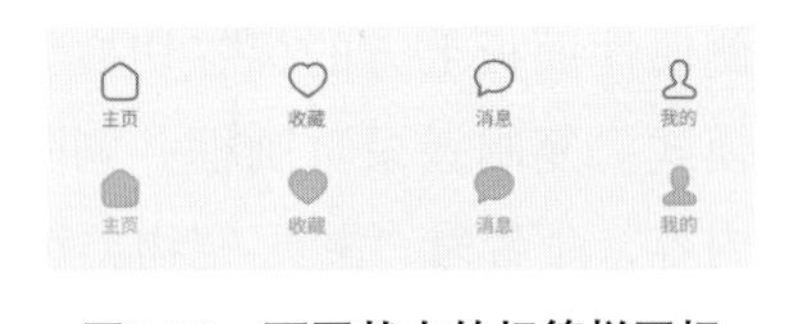

图7-32 不同状态的标签栏图标

将制作好的含有填充样式的点按“主页”图标放置在标签栏第一个图标的位置，未点按的图标“收藏”“消息”“我的”依次放置在第二、三、四个位置。将第一个图标放置至距界面左侧27px处，第四个图标放置至距界面右侧27px处，并使用“水平间距均分”工具使四个图标均匀分布（图7-33）。

图7-33 水平间距均分

为标签栏图标制作背景和细节。绘制矩形，大小为390px×73px，颜色为#FFFFFF，与主页画框“下对齐”，置于画框底层。将上述制作好的四个图标放置在白色背景之上，并与白色背景“垂直居中”对齐。绘制小矩形条，填充颜色样式为“线性渐变”，颜色为#FF7A00，透明度为0%至100%再至0%。将小矩形条与白色背景进行“上对齐”“水平居中”处理（图7-34）。

图7-34　标签栏效果

制作导航栏。绘制正圆形，并导入头像素材图片。选中两个图层，右键点击“设为蒙版”（图7-35）。需要注意的是，在设置蒙版时要注意图层的顺序问题，需要遮盖的图层要置于上方，遮盖效果如图7-36所示。将信息提示图标素材粘贴到界面中（或是自己使用Figma绘制图标），并为其添加白色矩形背景框，设置“圆角半径”为10px，添加“投影”效果。按住Ctrl+G对其进行编组处理，将其与头像“垂直居中”对齐，并将图标的右侧与画框右侧的辅助线对齐（图7-37）。

图7-35　设为蒙版

制作搜索模块。绘制搜索框矩形，并设置“圆角半径”为15px，颜色设置为#D8D8D8。将搜索图标素材粘贴到搜索框中，并与搜索框“垂直居中”对齐。使用“文本工具”创建文字“搜索些什么……”，字体为苹方-简的常规体，颜色设置为#9EA5A4，字体大小设置为12，与搜索框“垂直居中”对齐（图7-38）。

图7-36　头像遮盖效果

图7-37　制作提示图标

图7-38　搜索模块

制作图片信息推送模块。导入五张与宠物相关的图片，并截取图片大小为298px×150px（图7-39）。此部分将制作成图片轮播的效果，具体设计在原型制作部分进行说明。

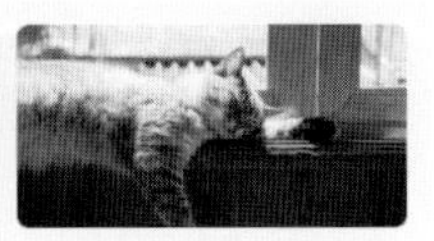

图7-39　图片轮播素材导入

制作宠物类别模块。首先，制作宠物类别图标。创建“矩形”，“圆角半径”为15px，颜色设置为#E2E2E2，大小为102px × 42px。再次创建“圆形”，直径设置为26px，置于矩形之上。将“狗”“猫”“仓鼠”的表情包粘贴至界面上，并置于合适的位置，作为宠物类别的图标。使用“文本工具”创建文字“狗”“猫”“仓鼠”，字体为苹方-简的常规体，颜色设置为#9EA5A4，字体大小设置为12，与搜索框“垂直居中”对齐。

图标有不同状态，分为点按及未点按状态（未点按状态下图标背景为灰色、字为深灰色；点按状态下图标为黄色、字为白色），以此达到更好的用户体验。复制宠物类别图标，在右侧的属性面板中对选中的图标进行背景颜色修改（改为#FEAE31）和字体颜色修改（改为#FFFFFF），具体效果如图7-40所示。

用“文本工具”分别创建文字“宠物类别”，字体为苹方-简的中粗体，颜色设置为#5F5B5B，字体大小设置为18；创建文字“查看更多”，字体为苹方-简的中黑体，颜色设置为#FEAE31，字体大小设置为12。两者“下对齐”并进行编组，编组顶端距上方轮播图片的距离为24px。将制作好的点按状态下的按钮图标放置在第一个位置，未点按状态下的按钮图标放置在第二和第三的位置，分别与各自的图标进行编组处理，并进行“水平间距均分”的处理（图7-41）。

图7-40　宠物类别图标

图7-41　宠物类别模块效果

制作相关宠物滚动卡片模块。首先，制作渐变界面背景，从#D9D9D9（透明度0%）渐变至#F9F9FA（透明度100%），更好地将界面、卡片、底部标签栏进行区分（图7-42）。

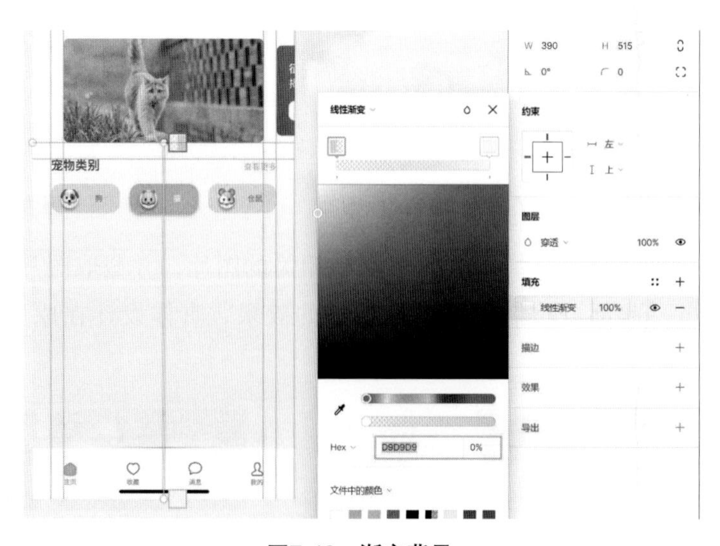

图7-42　渐变背景

此部分将以卡片形式展示相关宠物内容。创建白色（#FFFFFF）矩形，设置“圆角半径”为8px，作为卡片的背景。在内容排布上，以选择“宠物类别—狗”的界面为例，进行内容摆放。将搜集到的狗的图片置于界面卡片上方，并裁切图片大小为116px×116px，“圆角半径”数值从左上角开始按顺时针设置为30、8、30、8，与白色背景“垂直居中”对齐，距左侧参考线为8px（图7-43）。

图7-43　相关宠物卡片与图片框架

继续制作卡片中带有图标与按钮的部分。创建图标矩形背景，大小为25px×25px、83px×25px，“圆角半径”设置为8px，依次设定颜色为#FFFFFF、#E0E7F2、#F5DBF1、#FEA431。将所需图标“位置”“收藏”“男性别”“女性别”，以及文字“带我回家”，与相应背景矩形框一一对应，并“水平居中”“垂直居中”对齐（图7-44）。

图7-44　制作图标与按钮部分

将创建的四个图标与图7-43组合，使用“文本工具”创建文字“拉布拉多”“北京市 海淀区（1.5km）”“拉布拉多寻回犬十分聪明，警觉，善解人意。性格温顺，沉稳，既不迟钝也不过于活跃……”，字体为苹方-简的常规体，颜色设置为#555555、#5F5B5B、#282828，字体大小设置为14、8、6，左对齐。各元素具体位置关系排布如图7-45所示，保证元素与元素组的边缘对齐。

图7-45　元素位置关系卡片排布

用同样的制作方式制作“相关宠物-狗”选项界面的“哈士奇”“拉布拉多”“柴犬”卡片，以及“相关宠物-猫”选项界面的“三花猫”“中国狸花猫”“橘猫”“加菲猫”卡片，效果如图7-46所示。

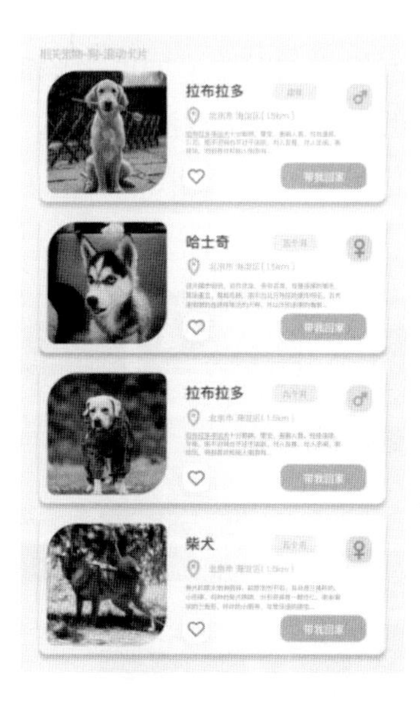

图7-46　制作其余卡片

用“文本工具”创建文字“相关宠物”，字体为苹方-简的中粗体，颜色设置为#5F5B5B，字体大小设置为18。创建文字“查看更多”，字体为苹方-简的中黑体，颜色设置为#FEAE31，字体大小设置为12。两者“下对齐”并进行编组，编组顶端距离上方宠物类别矩形底端21px（图7-47）。

图7-47　“相关宠物”“查看更多”位置摆放

将“主页-宠物类别-狗”页（和“主页-宠物类别-猫”页）效果图制作成原型。此页面主要的交互效果有四个：轮播图片滑动效果、切换宠物类别按钮、滚动浏览相关宠物卡片、点击图片进入详情页。

制作轮播图片滑动效果。选中图7-39的五张轮播图片，添加一个“画框”，可以按下快捷键Ctrl+Alt+G，或右键选择添加“画框”（图7-48）。此画框大小为轮播图片的大小，宽度则为此界面的宽度，因此画框的宽度设为390px。

图7-48　添加画框

调整轮播图组的第一个状态，第一张图片需要放大居中，因此需等比缩放后面四张图片的大小至258.27px × 130px，位置与第一张图片“水平居中”对齐，间距调整为19px（图7-49）。可先为画框添加一个填充颜色红色，以此方便观察画框与图片的位置关系。复制做好的第一个画框，调整第二个状态，将五张图片的位置和大小依次往前顺移。设定第二张图片位于画框的居中位置，大小放大至298px × 150px，第一张和后三张图片保持258.27px × 130px大小，以19px大小“水平间距均分”。值得注意的是，在调整图片位置的时候应保证图片在画框内部，即图片的图层应包含于画框的图层之下（图7-50）。

图7-49　轮播图组第一个状态

图7-50　轮播图组第二个状态

用同样的制作方式制作好第三、四、五个状态（图7-51）。调整好五个状态后，选中这五个画框，在右侧属性面板勾选“裁切内容”，将刚才填充的红色背景删去，这样就只能看到每个画框里面的内容（图7-52）。

图7-51 轮播图组的五个状态

图7-52 裁切内容

将五个画框做成一个组件变体，在工具栏中点击“Create component set”（创建组件集），创建一个组件变体（图7-53），并更改名称为“轮播图”。切换到“原型”面板（快捷键Shift+E或Alt+9），连接这五个状态。首先，制作图片可被左右拖动的效果。选中第一个状态中的第一张图片，点击右侧白色蓝边的圆点拖动连接至第二个状态中的第二张图片，触发条件设置为“拖动”，触发方式为“修改为”至第二个状态，动画效果选择“智能动画”（因为每个状态下对应的图片图层名称是一样的，因此结合图片的缩放变换，可以自动产生过渡效果），动画曲线选择“缓慢”，动画时间为默认（图7-54）。选中第二个状态中的第二张图片，点击右侧白色蓝边的圆点拖动连接至第三个状态中的第三张图片，触发条件设置为“拖动”，触发方式为“修改为”至第三个状态，动画效果选择“智能动画”，动画曲线选择“缓慢”，动画时间为默认（图7-55）。由于要设置为可左右拖拽，因此在第二个状态下需再添加一个拖动，连接至第一个状态中的第一张图片。Figma中，一个元素可以添加多个触发条件，但是像触发器“轻触”模式则不可添加多个。用同样的制作方式依次延迟触发第三、四、五个状态画框之间的拖动交互。

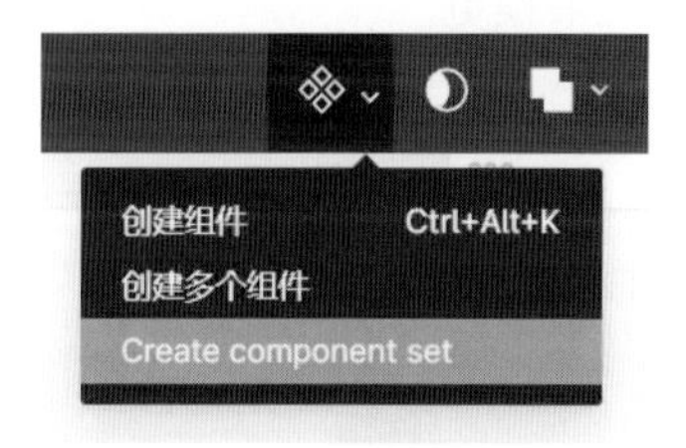

图7-53 创建组件集

添加自动轮播的效果。选择第一个状态画框，点击右侧白色蓝边的圆点拖动连接至第二个状态画框，选择“延迟触发”，等待时间修改为2500ms（图7-56）。用同样的制作方式依次延迟触发第二、三、四个状态画框至下一个状态。需要注意的是，为了使轮播到第五张图片后能自然地轮播回到第一张图片，第五个状态画框应连接到第一个状态，依旧选择“延迟触发”，但动画修改为“溶解”，以防出现从第五张图片又倒放至第一张图片的情况（图7-57）。

图7-54　第一个状态左右拖动效果制作

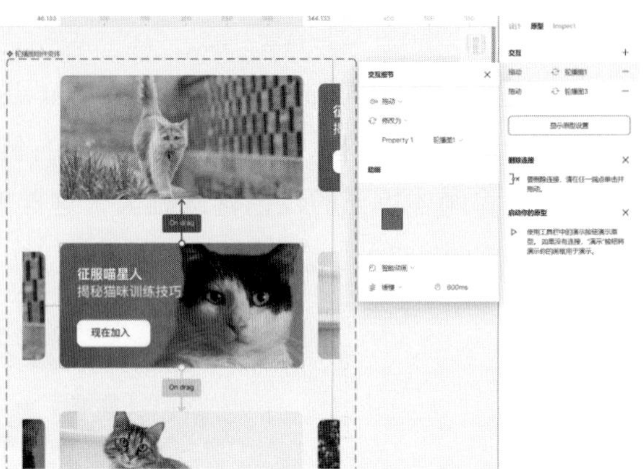

图7-55　第二个状态左右拖动效果制作

至此，轮播图片滑动效果制作完成。选中此画框，在右侧属性面板中添加一个"流程起始点"，直接点击"演示"进行效果预览。

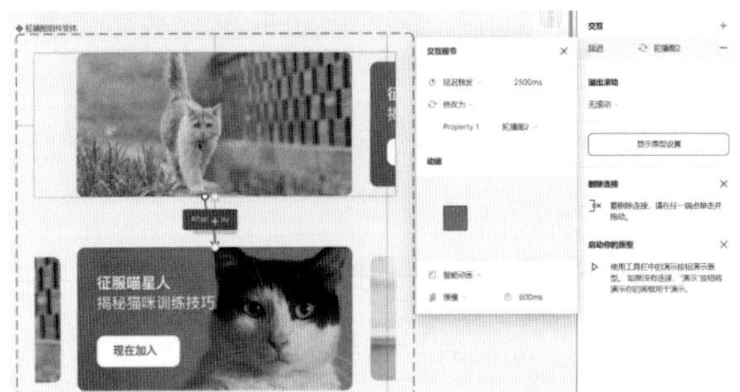

图7-56　第一个状态添加自动轮播效果

图7-57　第五个状态添加自动轮播效果

制作切换宠物类别按钮效果。切换到"原型"模式，点击"主页-宠物类别-狗"页中宠物类别下的"狗"按钮，点击右侧白色蓝边的圆点拖动连接至"主页-宠物类别-猫"页，选择"轻触"，触发方式选择"导航到"至"主页-宠物类别-猫"页，动画效果选择"智能动画"，动画曲线为"前后缓动"（图7-58）。反向从"宠物类别-狗"切换到"宠物类别-猫"，原理依旧。

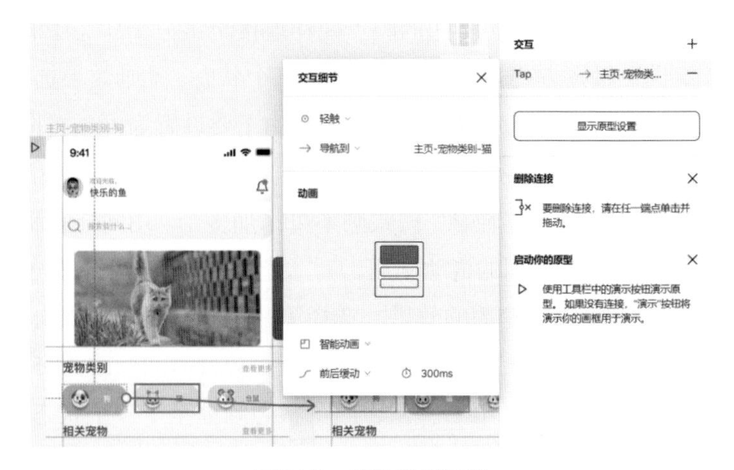

图7-58　宠物类别切换

制作滚动浏览相关宠物卡片效果。以图7-46中左图为例（右图制作方法相同），框选所有卡片，按下快捷键Ctrl+Alt+G，或右键选择添加“画框”，调整画框的高度为287px。右侧设计模式下勾选“裁剪内容”，这样就只能看到画框里面的内容（图7-59）。切换到“原型”面板，在“溢出滚动”选项中设置为“垂直滚动”（图7-60）。需要注意的是，在给页面画框中的画框对象添加“溢出滚动”选项时，应确保画框对象内的内容是超过画框的，这样才能看到滚动的效果。可对页面画框添加“流程起始点”，直接点击“演示”进行效果预览。

图7-59 裁剪长卡片　　图7-60 滚动浏览相关宠物卡片

制作点击图片进入详情页效果。此效果需要和“主页-详情页”中的内容进行互动制作，因此将在制作“主页-详情页”中详细说明。按钮关联完成后，可点击右上方的“演示”按钮查看效果。

（5）制作详情页

“主页-详情页”页面制作要达到如图7-61所示的效果。

首先复制登录页中的状态栏和小横条，将其粘贴到“主页-详情页”，按住Ctrl+G进行编组处理，并将其置于画框顶层。放置背景图片，将“主页-宠物类别-猫”页相关宠物的“三花猫”图片复制到此页，将图片缩放至390px × 508px，与画框“上对齐”。

图7-61 “主页-详情页”效果

制作详情页详细内容。创建两种“矩形”，依次改变“圆角半径”，并进行颜色填充，形状如图7-62所示。用“文本工具”依次创建“宠物性别”“母猫”等文字，并放置在对应创建的矩形中，和矩形背景“水平居中”“垂直居中”对齐。正文及其余文字排布方式如图7-63所示。

图7-62　制作矩形背景

图7-63　界面文字排布方式

创建界面图标和按钮。将“电话”“聊天”“收藏”的图标素材粘贴到界面，并分别赋予#FEAE31、#FF4646颜色的描边效果。创建35px×35px大小、#FFEFD6色的“矩形”作为图标背景，居中对齐，并进行图标编组处理（图7-64）。

图7-64　界面图标和按钮

将“主页-详情页”效果图制作成原型。此页面主要的交互效果有三个：进入页面与返回页面过渡动效、点击或取消收藏、文章滑动查看。

制作进入页面与返回页面过渡动效，分三个交互部分。制作点击图片放大为背景的效果。选中图7-31画框中“三花猫”图片，拖动出现的白色蓝边的圆点，连接至“主页-详情页”画框，触发条件选择“轻触”，触发方式为“导航到”至“主页-详情页”画框，动画效果选择“智能动画”（图7-65）。由于“主页”和“主页-详情页”中“三花猫”的图层名称一致，则经过上述的交互设置，可显示出图片由原位置放大到下一页面位置的效果。

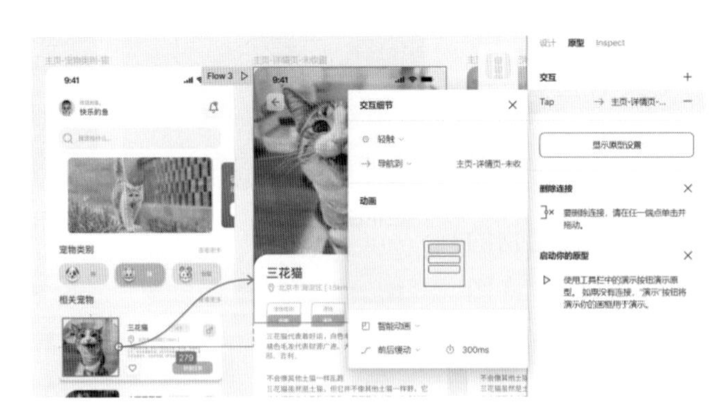

图7-65　点击图片放大为背景

制作详细内容卡片上移出现的效果。复制详细内容卡片的整个画框，粘贴至图7-61左图画框中，将其位置下挪至靠近页面底端的位置（图7-66）。需要注意的是，要保证该元素要在此页面画框里面，因此需要注意图层的顺序和位置关系（图7-67）。

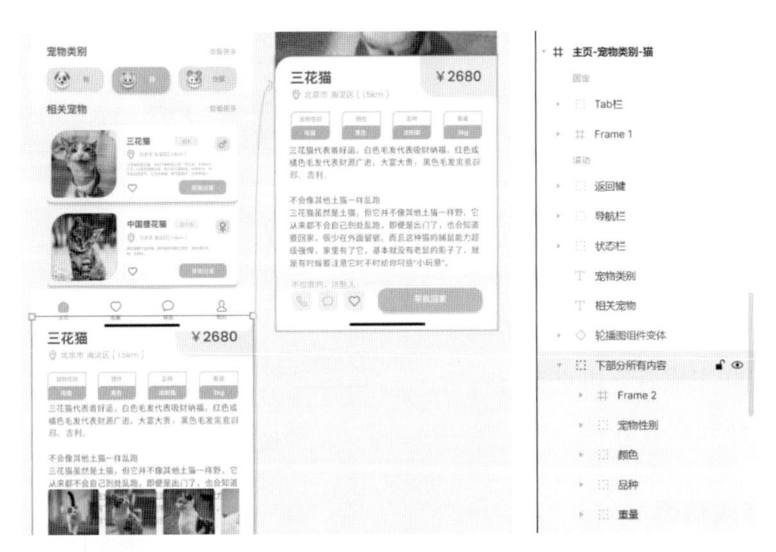

图7-66　详细内容卡片过渡显示　　　图7-67　页面过渡图层关系

制作返回动效。选中“主页-详情页”中的“返回”图标，拖动出现的白色蓝边的圆点，连接至“主页”画框（图7-68）。或者直接连接到该画框右侧的返回图标，也可得到同样的返回效果（但只能从进入页面的窗口原路返回）（图7-69）。

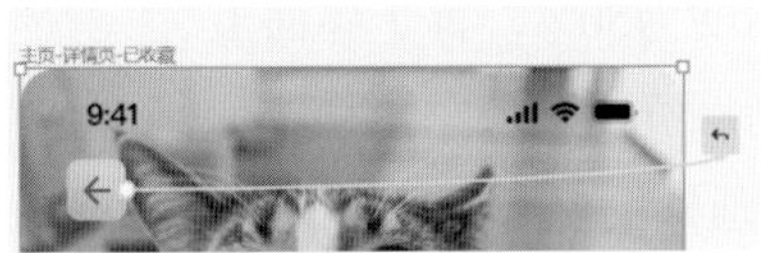

图7-68　返回方式（1）　　　图7-69　返回方式（2）

为返回按钮添加过渡效果。复制返回按钮至图7-61左图画框中，将其位置上挪至靠近页面顶端的位置，并将其图层透明度设置为0%（图7-70）。

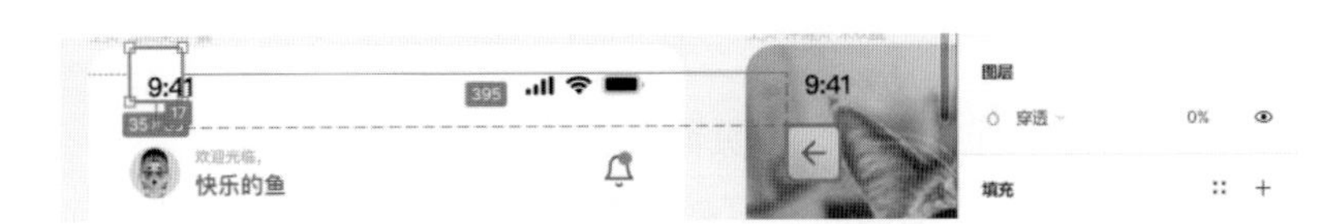

图7-70　返回按钮添加过渡效果

制作点击收藏效果。选中“主页-详情页-未收藏”中的“收藏”图标，拖动出现的白色蓝边的圆点，连接至“主页-详情页-已收藏”画框。触发条件选择“轻触”，触发方式为“导航到”至“主页-详情页-已收藏”画框，动画效果选择“智能动画”（图7-71）。

制作文章滑动查看效果。与前文“主页-宠物类别-狗”画框制作滚动浏览相关宠物卡片效果的操作步骤相同，用到“溢出滚动”功能，此处不再赘述。按钮关联完成后，可点击右上方的“演示”按钮查看效果。

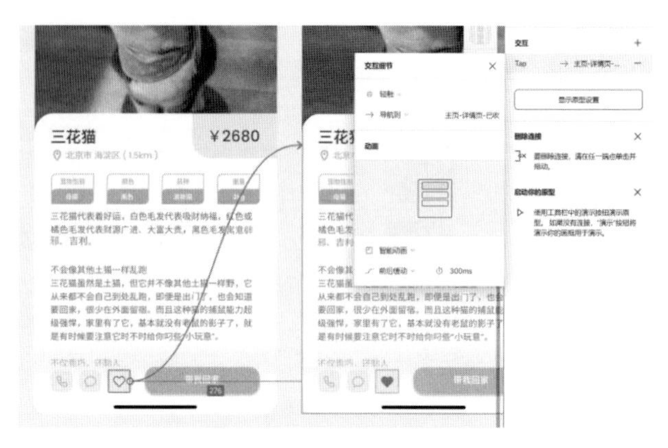

图7-71　点击收藏效果

（6）制作收藏页

制作“收藏页”，以达到如图7-72所示的效果。

制作图7-72左图画框。绘制白色矩形，将返回图标与列表图标分别置于其上，居中对齐，并以图标为单位编组处理。复制图7-46中收藏过的卡片，粘贴至界面。

制作“收藏页-订单询问”界面。复制图7-72左图画框，创建和画框一样大小的圆角矩形，颜色设置为#000000，透明度为50%，置于界面上方。再次绘制圆角矩形，作为显示“订单询问”画框的底色块，以区分背景和提示内容。复制收藏的卡片至白色界面上，删除“收藏”图标和“带我回家”按钮，作为订单提示信息。

图7-72　收藏页最终效果图

以拟人化和人物情境化的语态显示交易信息“我再想想”和“决定带它回家”，作为提示信息。取消交易的按钮（“我再想想”）设置为#FFEFD6浅色；引导用户继续交易的按钮设置为#FEA431深色。

复制“收藏页”并删除所有内容，将页面名称改为“支付页”。

将“收藏页”“收藏页-订单询问”页效果图制作成原型。单击“收藏页”中“带我回家”的按钮，点击出现的白色蓝边的圆点拖动到“收藏页-详情页”页，完成连线。单击“收藏页-订单询问”中“决定带它回家”的按钮，点击出现的白色蓝边的圆点拖动到“支付页”，完成交互制作（图7-73）。

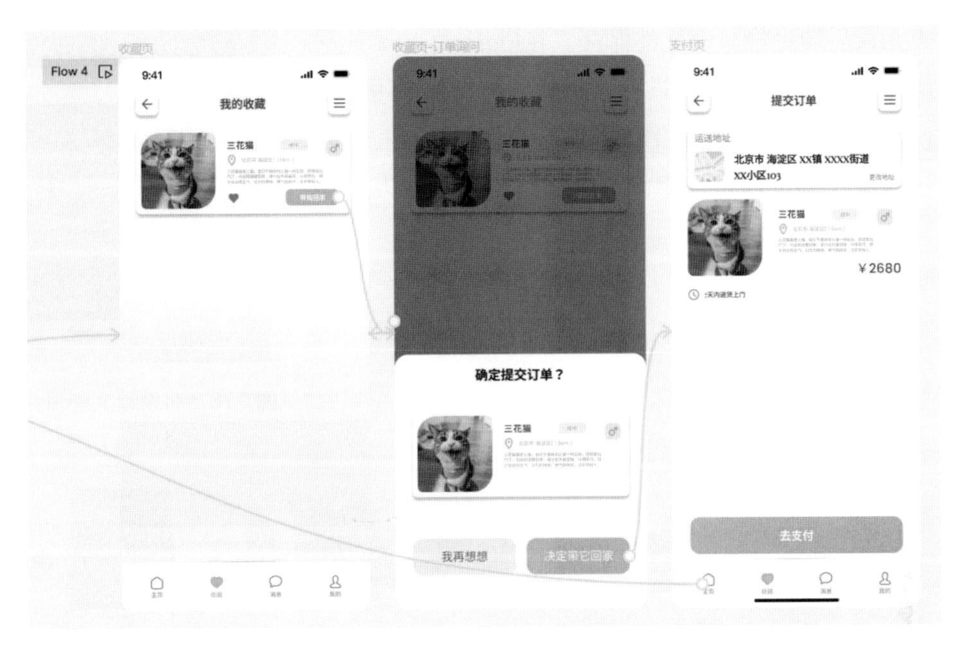

图7-73　收藏页交互效果

（7）制作支付页

制作“支付页”，以达到如图7-74所示的效果。

至此，所有界面和交互原型制作完毕。原型全部制作完毕后，通过点击右上方的“演示”按钮进行预览（图7-75）。

图7-74　支付页最终效果图

图7-75　预览原型

检查无误后即可将原型文件保存。在Figma客户端或网页编辑文件时，Figma会自动进行保存处理。当然，用户也可将设计文件保存至本地，操作如图7-76所示。

使用录屏工具可以将操作流程录制下来。最终方案的展示与交互关系如图7-77所示。

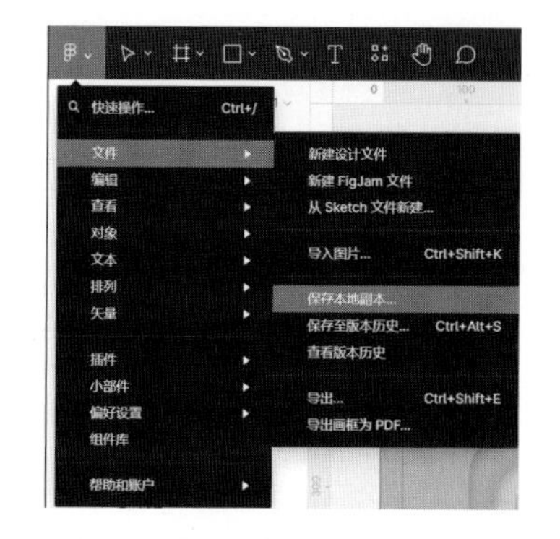

图7-76　将设计文件保存至本地

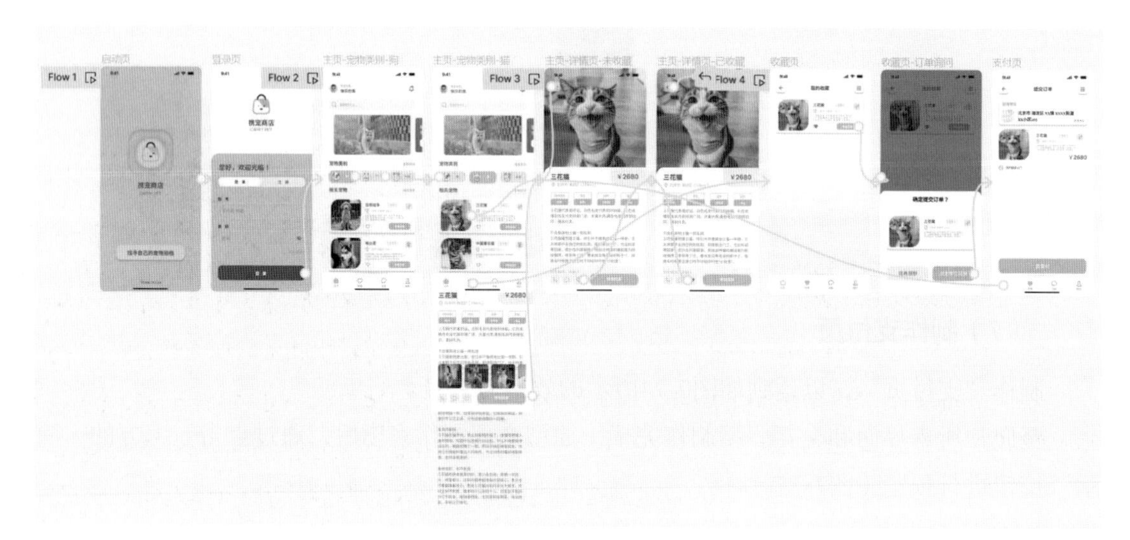

图7-77　最终方案展示图

本章小结

本章需要掌握的内容包括：主流界面设计软件特点及其基础功能；使用Figma制作高保真原型的方法。

第8章 桌面端界面设计案例

知识目标 ● 了解桌面端界面设计的流程。

能力目标 ● 掌握桌面端界面设计的方法与技巧。

素质目标 ● 能够把握桌面端界面设计的趋势。

重　　点 ● 桌面端界面设计的流程；使用Photoshop进行页面设计的方法。

难　　点 ● 桌面端界面的信息规划；设计软件的灵活应用。

8.1 桌面端界面设计案例规划

由于设备的不同，桌面端界面设计相较于移动端界面设计有着更加丰富的内容。网页界面设计（Web UI Design，WUI）主要是根据企业希望向用户传递的信息进行网站功能策划，然后进行页面设计美化的工作。桌面端界面设计涵盖了制作和维护网站的许多不同的技能和学科，包含信息架构设计、网页图形设计、用户界面设计、用户体验设计、品牌标识设计和Banner（页面横幅）设计等，其中用户界面设计是影响整个网站用户体验的关键所在。在用户界面设计中，常用界面类型有首页、列表页、详情页、专题页、控制台页及表单页等。本节以制作一个灯具电商网站首页界面为例，详细介绍桌面端界面设计的规范和方法。其最终效果如图8-1所示。

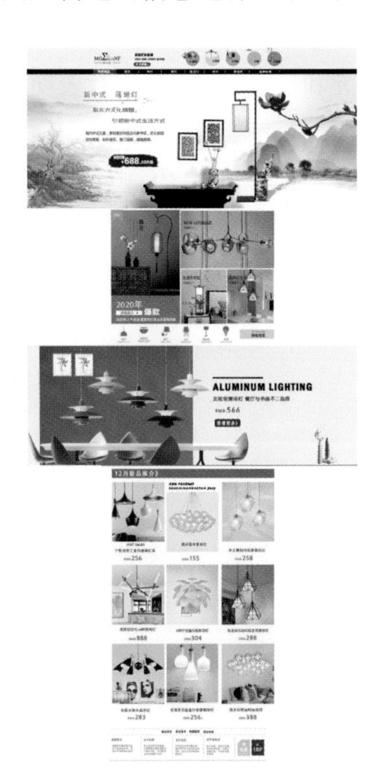

图8-1　灯具电商网站首页界面

视觉风格： 由于本案例是以展示和销售高端灯具为主的电商网站首页界面，因此要根据产品的特点设计简约的布局风格以突出产品，使用海报和大量的图片显示效果，网页页面结构清晰、交互操作简单，从视觉体验的角度为用户带来轻松、愉悦的美感。

界面布局设计： 本案例的界面布局采用了标准的布局方式，但利用两个Banner打破标准布局，为网站增加了观赏性。在网页的产品分类和产品展示区域中，利用矩形色块来展示图片（图8-2）。

色彩设计：网站的色彩以白色和灰色作为背景，配以大量精美的实物图片来展示灯具。网页中海报的设计效果，提升了整个网站的视觉体验。虽然网页中采用了大量的图片，但将图片都放在一个个矩形区域中，使得整个界面整齐大方，又彰显了产品的高端精美。重点和突出显示的地方采用了红色，增加整个网页的灵动性（图8-3）。

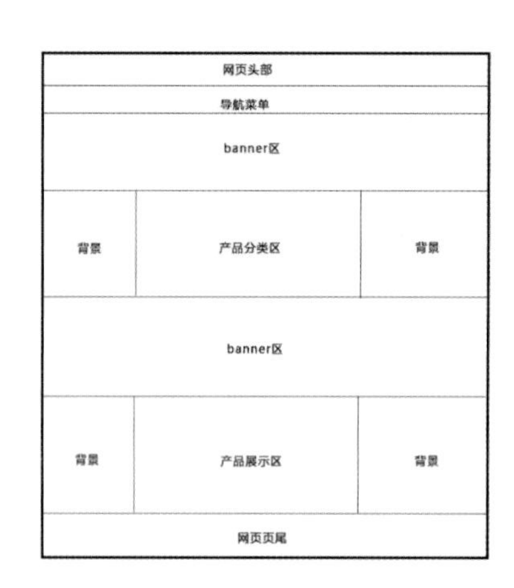

图8-2　界面布局

图8-3　网页的颜色搭配

图标、文字设计：网页中图标的设计采用了扁平化的设计风格，以单色进行填充，利用色彩的差异突显其外形轮廓。界面中的文本和文本框均没有添加任何的特效，仅通过填充和描边色的变化进行表现（图8-4、图8-5）。

图8-4　界面图标的设计

图8-5　文字设计

8.2 案例实战：灯具电商网站界面设计

网站首页也称为主页，构成元素主要包括网页头部、导航栏、Banner区、分类区、产品展示区、页尾等。接下来具体介绍每个部分的制作过程。桌面端界页设计时，结合市场占有率并为了能够适应宽度至少为1920px的屏幕，Photoshop推荐创建宽度为1920px的画布，高度根据网页的要求设定即可。

8.2.1 制作网页头部

▶ 案例视频 ◀
灯具电商网站界面设计

网页头部主要包含Logo、灯具分类按钮和导航栏。

（1）新建文件并设置背景

首先打开Photoshop，执行“文件” - “新建”命令，新建一个宽度为1920px，高度为4060px，分辨率为每英寸72px，背景为白色的图像文件（图8-6）。单击“创建”按钮，完成文档的新建。使用Photoshop对网页界面效果图进行布局时，可借助标尺和参考线来辅助定位。

图8-6　新建文件

选择“视图” - “新建参考线”命令，弹出“新建参考线”对话框，在120px的位置新建一条水平参考线（图8-7）。单击“确定”按钮，完成参考线的创建（图8-8）。

图8-7　设置参考线　　图8-8　参考线效果

选择“文件” - “置入嵌入对象”命令，选择本节素材“底纹.psd”文件，单击“置入”按钮，将图片置入图像窗口中。将其大小调整为宽1920px、高120px（图8-9）。

图8-9　设置背景

（2）制作Logo部分

拖出参考线，把本节素材“Logo.png”文件插入合适的位置，设置投影（图8-10）。

在Logo的下方输入文字“网上灯具”，字体为黑体，颜色为黑色，大小为12pt（1pt=0.3515mm），并在左右画一条黑色的横线修饰（图8-11）。

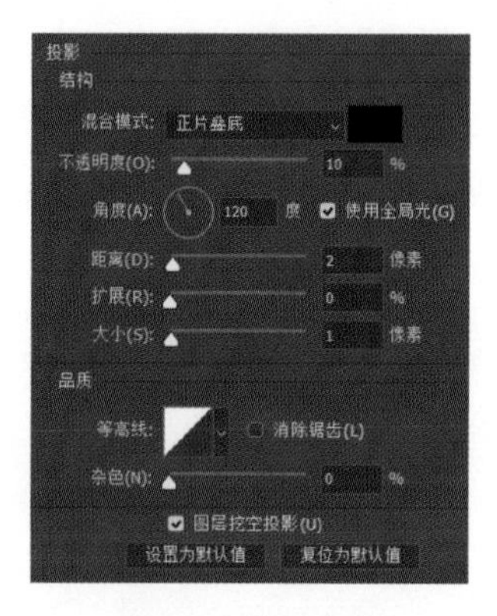

图8-10 设置投影

图8-11 Logo 设计

（3）添加文字及绘制按钮

在Logo右侧绘制一条灰色（R237、G237、B237）的竖线，在竖线右侧输入文字“高端灯具品牌”及其英文，字体为微软雅黑，颜色为黑色，调整合适的字体大小和位置（图8-12）。

使用“圆角矩形”工具绘制一个宽100px，高22px，半径为20px，颜色为R243、G0、B46的圆角矩形作为按钮的背景，然后输入文字“关注收藏>”，字体颜色为白色（图8-13）。

图8-12 添加文字

图8-13 绘制按钮（1）

（4）制作灯具分类图标

使用“椭圆工具”绘制圆形，绘制第一个图标背景，颜色为R102、G166、B193（图8-14）。

依次绘制其他四个圆形图标背景（颜色依次为R255、G222、B91，R247、G173、B88，R156、G195、B166，R236、G119、B137）（图8-15）。

图8-14 制作分类图标背景

图8-15 图标背景效果

在圆形图标上分别添加灯具素材（“灯具素材.psd”）（图8-16）。

图8-16 添加灯具素材

在灯具按钮上输入相应的价格文字（图8-17）。

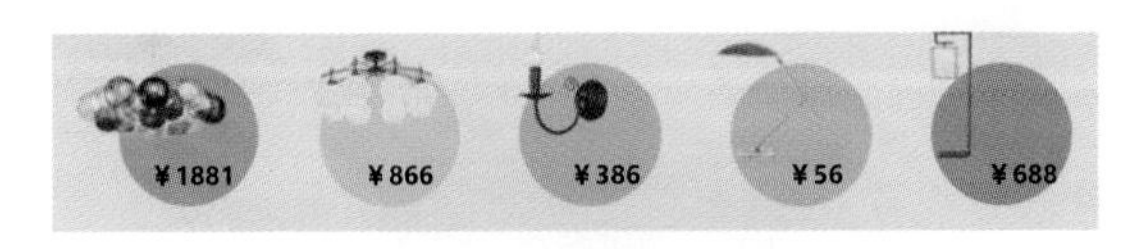

图8-17 添加价格文字

8.2.2 绘制导航栏

使用“矩形工具”绘制宽1920px、高30px的黑色矩形，作为导航栏的背景（图8-18）。

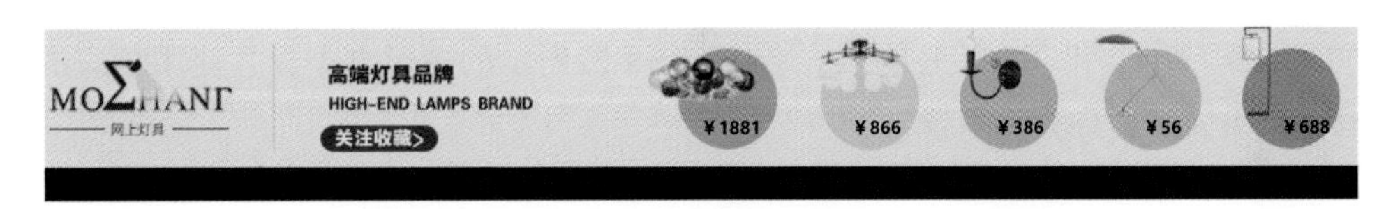

图8-18 导航栏背景

在矩形背景上输入导航文本“所有商品”“首页”“吊灯”“壁灯”“吸顶灯”“台灯”“落地灯”“品牌故事”，颜色为白色，调整字体的大小和位置（图8-19）。

图8-19 导航栏效果

为文本“所有商品”添加一个矩形底纹，颜色为红色（R243、G0、B46）（图8-20）。

图8-20 添加底纹

8.2.3 添加Banner

添加素材文件“全屏海报.jpg”作为Banner横幅海报（图8-21）。

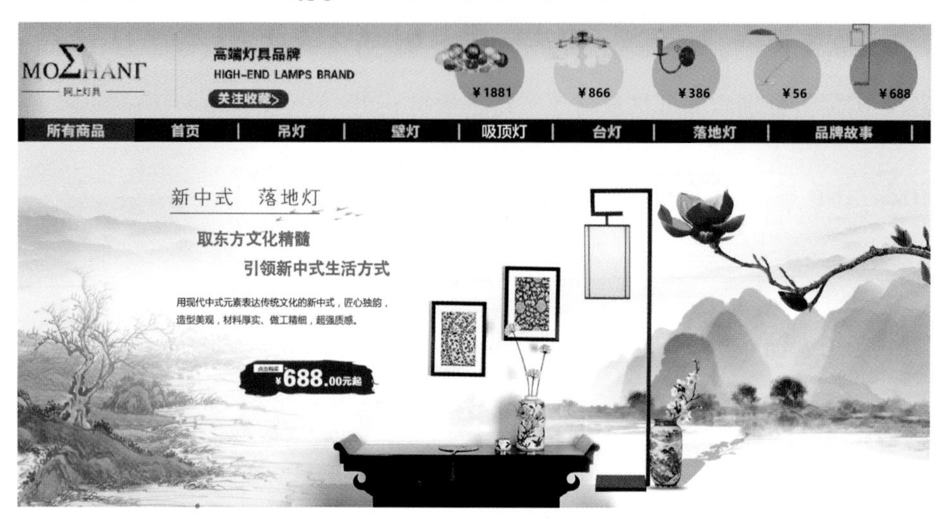

图8-21 Banner部分

8.2.4 制作产品分类区

（1）绘制矩形并填充背景

在Banner下方使用“矩形工具”，绘制如图8-22所示的矩形大小，并使用相应的颜色进行填充，作为产品分类区的背景。

（2）插入图片并创建剪贴蒙版

分别在相应的矩形中导入素材“灯1.jpg”“灯2.jpg”“灯3.jpg”“灯4.jpg”，并依次在四个灯具素材的图层上单击鼠标右键，选择“创建剪贴蒙版”（图8-23）。

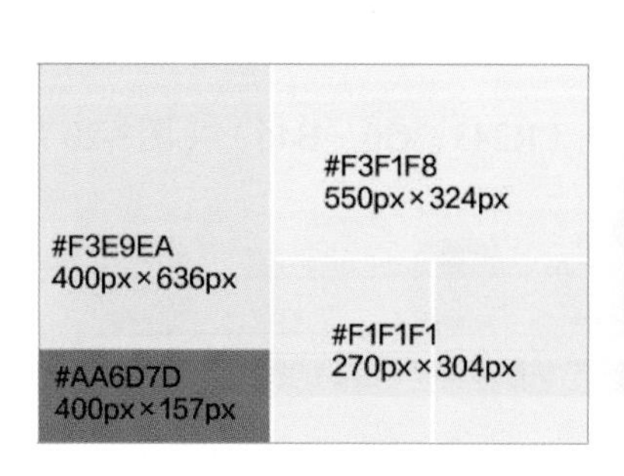

图8-22 产品分类区的布局

图8-23 导入灯具素材

（3）输入文字

在其中一张图片上输入文字“NEW-12月新品区”，并设置合适的字体和大小（图8-24）。

接着输入文字“点击进入”并绘制三角形按钮（图8-25）。

为其他两张图片添加相似的文本（图8-26）。

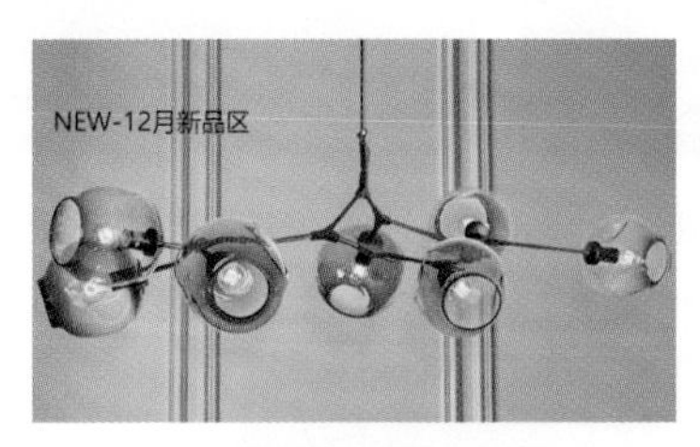

图8-24 输入文字

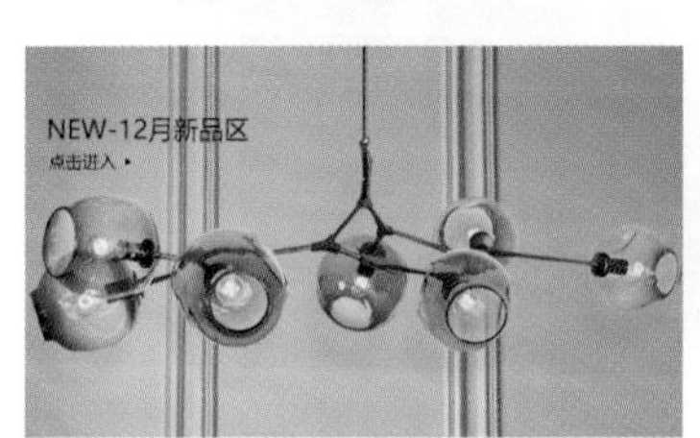

图8-25 绘制三角形按钮

图8-26 产品分类区效果

在图8-23左侧图片下方输入文字“2020年”，颜色为白色，设置合适的大小。接着输入文字“点击进入”（颜色为#AA6D7D）和绘制三角形按钮，并为文字“点击进入”和三角形按钮设置白色的矩形底纹。输入文字“爆款”和“2020年人气单品 最美的灯具点亮最美的家”，并设置合适的大小（图8-27）。

图8-27 图片文字效果

（4）绘制热点图标

新建图层，使用“矩形选框”工具框选图片的左上角，并使用油漆桶工具填充颜色#11B68C，效果如图8-28所示。

按快捷键Ctrl+D取消选区，使用钢笔工具在矩形上绘制一个三角形路径（图8-29）。

把该路径转化为选区。单击“窗口”-“路径”面板，点击路径面板下方的▩按钮，把路径转化为三角形选区（图8-30）。

删除三角形区域，制作完成热点图标背景（图8-31）。

在热点图标背景上添加白色的文字“Hot”（图8-32）。

图8-28　绘制矩形

图8-29　绘制路径

图8-30　将路径转化为选区

图8-31　热点图标背景

图8-32　热点图标效果

（5）制作分类导航图标

添加“灯具简笔.psd”素材并添加文本（图8-33）。

吊灯 PENDANT　吸顶灯 CEILING LIGHT　壁灯 WALL LIGHT　台灯 TABLE LIGHT　落地灯 FLOOR LIGHT　光源 LIGHT SOURCE　All Products 所有宝贝

图8-33　分类导航图标

8.2.5 绘制灯具海报

使用“矩形工具”绘制1920px × 670px的矩形，填充颜色#E9E9E9作为海报的背景，导入素材“海报素材.psd”作为海报的背景图片（图8-34）。

添加“灯具素材.psd”，并调整其大小和位置，输入文本并绘制直线（图8-35）。

图8-34　背景图片

图8-35　设置文本样式

制作按钮。使用“圆角矩形”绘制按钮背景，填充颜色为#E60012，并输入文字“查看更多〉”（图8-36）。

图8-36　绘制按钮（2）

8.2.6 制作产品展示区

（1）制作标题

使用“矩形工具”绘制950px × 50px的矩形作为标题的背景，填充颜色#6A6D76，并输入标题文本“12月新品推介 »”（图8-37）。

12月新品推介»

图8-37　标题效果

（2）绘制产品展示区的布局

使用“矩形工具”绘制如图8-38所示的矩形块，大小为306px × 335px，填充颜色为#E9E9E9。

（3）添加图片与文字

分别把素材“灯具1.jpg”至“灯具9.jpg”的九张图片添加到各矩形区域，并为素材图层创建图形蒙版（图8-39）。

为每张图片添加文本，并设置文本样式，产品展示区的效果如图8-40所示。

图8-38　产品展示区布局

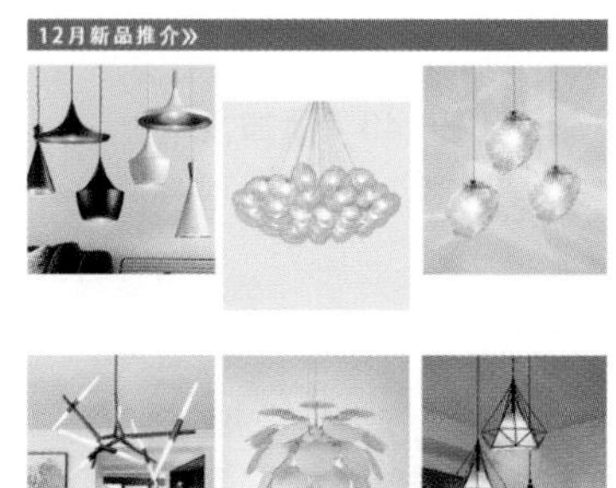

图8-39　添加素材

图8-40　产品展示区效果

8.2.7 绘制网页页尾

网页页尾应设计简洁，通常由文字组成。

（1）绘制页尾直线

绘制页尾直线并设置直线样式（图8-41），效果如图8-42所示。

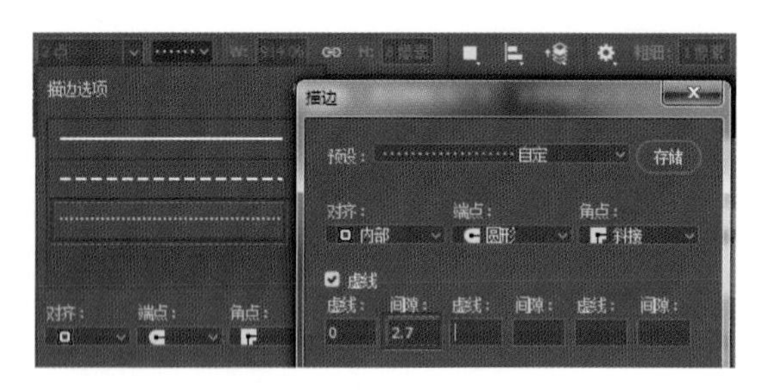

图8-41　设置直线样式

图8-42　直线效果

（2）添加并设置文本

输入文本并设置样式（图8-43）。

返回首页　新品发布　热销爆款　活动专区

温馨提示

购物后发现质量问题请不要直接差评，否则不予任何售后服务

关于快递

默认发货方式为圆通，若需要发其他快递请在订单中注明，也可联系店里客服进行说明

关于色差

所有宝贝均为实物拍摄，由于显示器不同可能出现偏色，对色彩要求高的买家慎拍

关于退换货

如不满意，顾客可自理来回运费调换，如商品质量问题，本店承担运费调换

图8-43　添加文本

（3）绘制矩形

绘制两个矩形，并设置颜色填充为#C5C5C5、#FF0200（图8-44）。使用“套索工具”选择灰色矩形的左上角区域（图8-45）。删除选区，效果如图8-46所示。

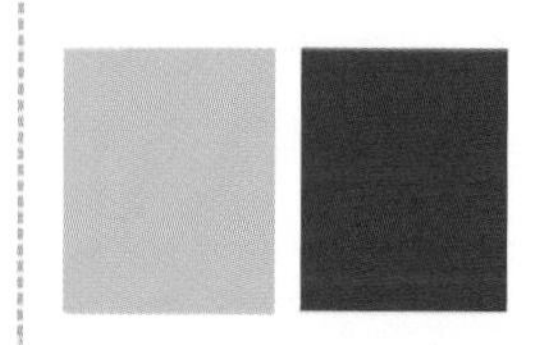

图8-44　绘制两个矩形

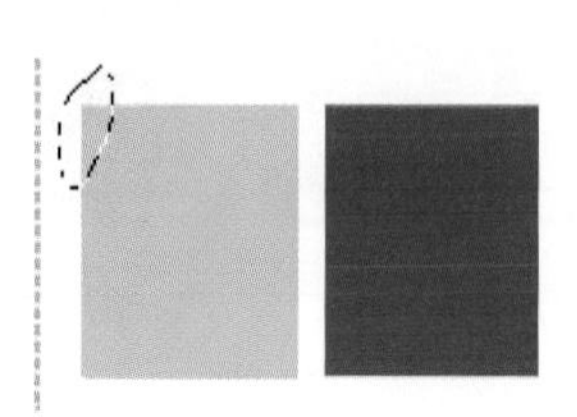

图8-45　选择区域

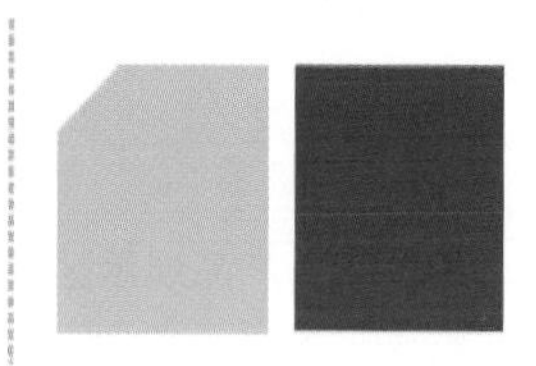

图8-46　矩形效果

（4）绘制五角星图标

使用“自定形状工具”的五角星绘制五角星形状（图8-47）。

图8-47　绘制五角星图标

（5）输入并设置文本

输入文本并设置样式（图8-48）。

完成后，整个页尾效果如图8-49所示。

至此，灯具电商网站首页界面设计完成。

图8-48　输入文本

图8-49　页尾效果图

本章小结

本章以案例的方式讲解了桌面端界面设计的方法，主要内容包括：以灯具电商网站首页界面的设计为例，分析了桌面端界面的视觉风格、布局、色彩、文字和图标风格，并详细介绍了桌面端界面设计的具体方法。

第9章 移动端界面设计案例

知识目标 ● 了解移动端界面设计的流程。
能力目标 ● 掌握移动端界面设计的方法与技巧。
素质目标 ● 能够把握移动端界面设计的趋势，设计出满足人们需要的界面。
重　　点 ● 移动端界面设计的流程；使用Figma进行界面设计的方法。
难　　点 ● 移动端界面的信息规划；设计软件的灵活应用。

9.1 移动端界面设计案例规划

选择“视频搜索”作为主题进行移动端界面设计，制作思维导图（图9-1）。在思维导图的基础上，提炼贴近项目的分支，并以此为基础制作该App的信息架构图（图9-2）。

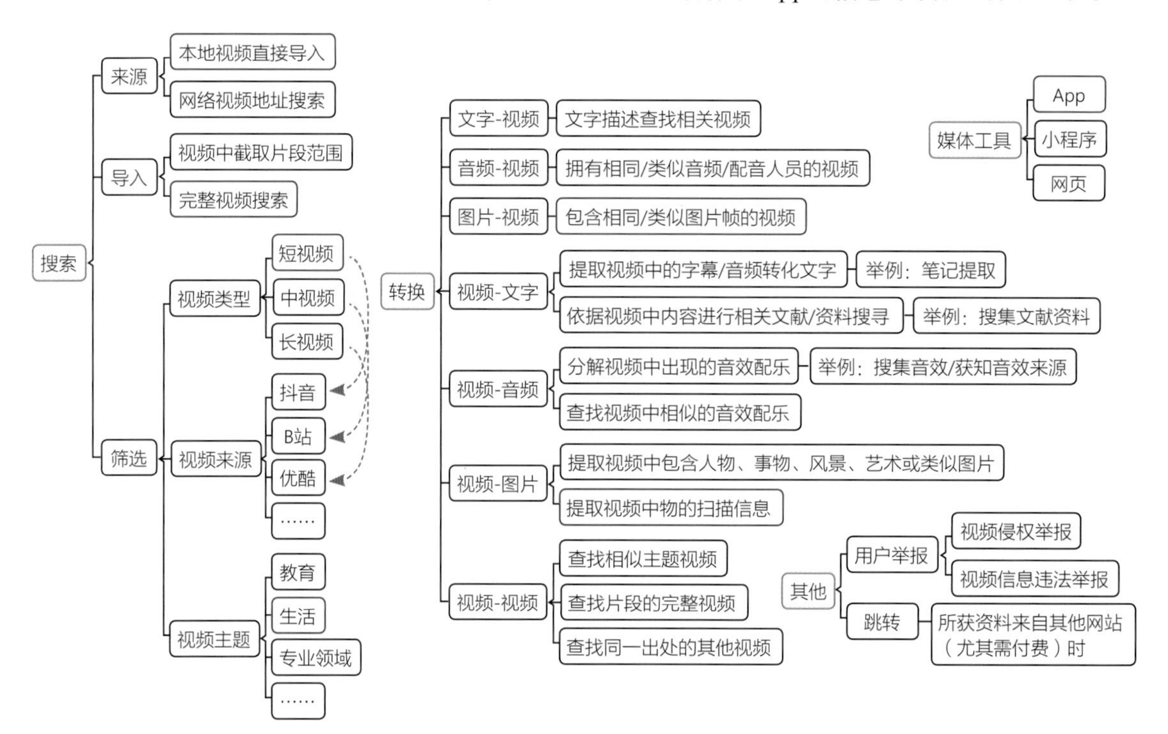

图9-1 “视频搜索”的思维导图

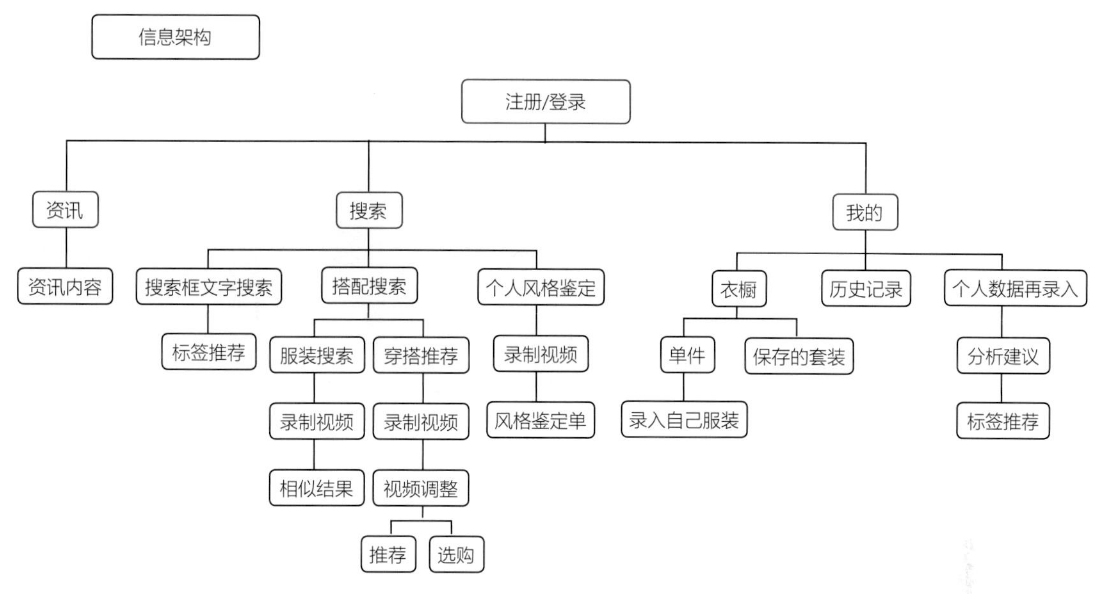

图9-2　App信息架构图

根据信息架构图绘制App的页面草图（图9-3），使用纸质草图或软件模拟交互流程，进行用户测试。

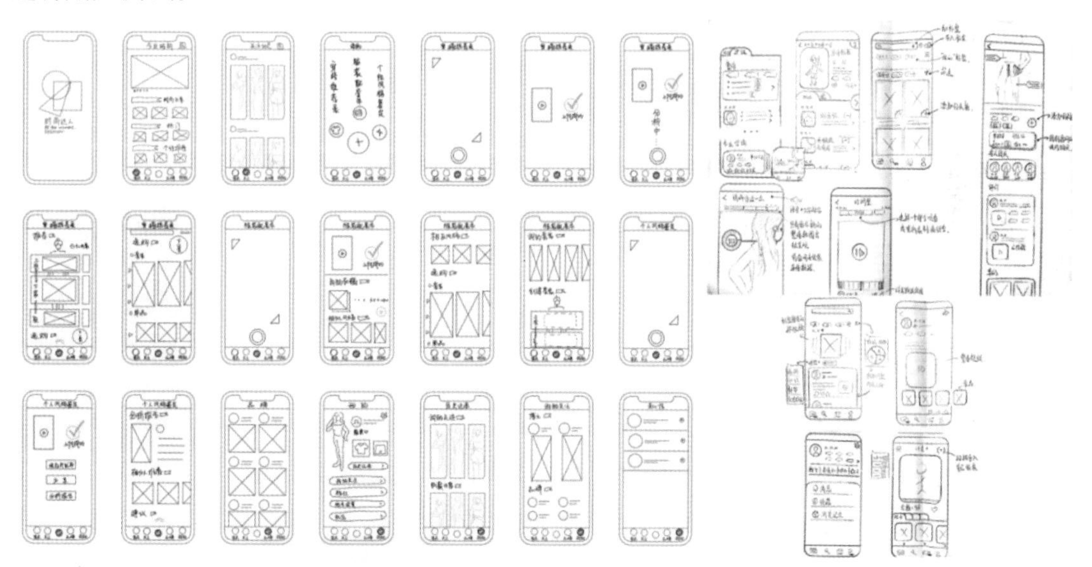

图9-3　页面草图

确定设计主题之后，再分别依据设计主题搜寻已有的、符合该主题的设计，同样不限类别，例如建筑设计、服装设计、包装设计、家居设计等。将这些图片汇总，制作成新的情绪板（图9-4）。主题情绪板可以成为视觉风格设计的指引。

图9-4　主题情绪板

9.2 案例实战：移动端界面设计

9.2.1 使用Figma制作界面视觉方案

（1）新建文件

点击“新建设计文件”新建一个设计文件（图9-5），点击上方菜单栏中间的“无标题”可以重命名文件（图9-6）。Figma使用云端存储，并且会在设计过程中随时自动保存，不需要专门保存设计文件。

图9-5　新建设计文件

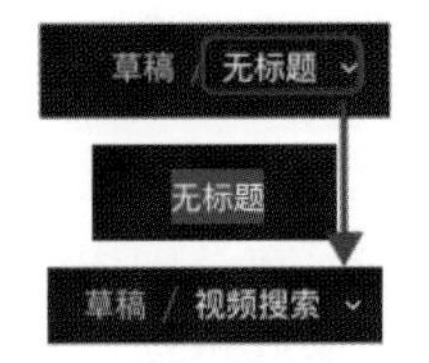

图9-6　重命名文件

（2）新建画板

点击左上角井字形的画板工具，单击“画框”键（快捷键F）新建画板（图9-7）。

此时画面右侧工具栏显示了Figma预设的画板尺寸，可以根据需求选择，本案例选择单击“iPhone 13 mini”（图9-8）。

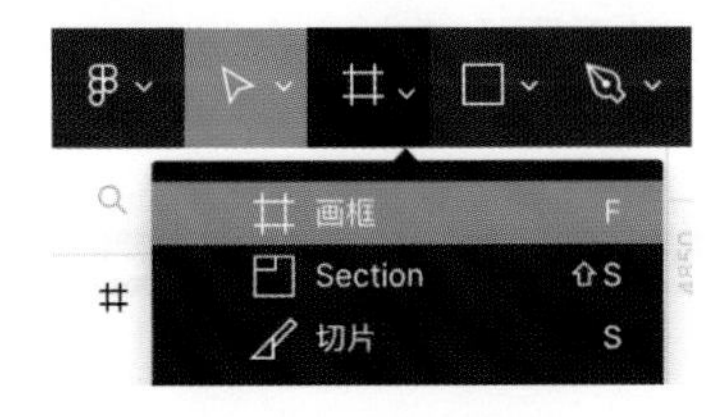

图9-7　新建画板

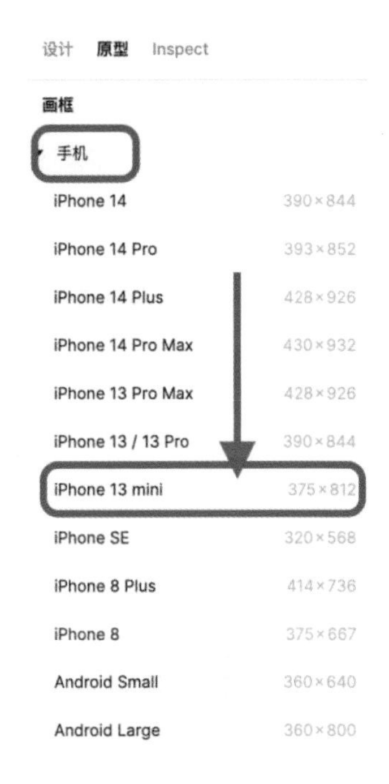

图9-8　选择预设画板

（3）设置布局网格

在设计排版时往往需要统一布局和留白，如有需要可以点击右侧工具栏中的“布局网格”，打开布局网格（图9-9）。

点击“网格10px”左侧的图标，可以对布局网格进行自由调整，包括变换尺寸、调整颜色和透明度（图9-10）。点击“网格”，可以变换布局网格的类型，依次为“网格”“列”“行”，后两项是栅格形式（图9-11）。

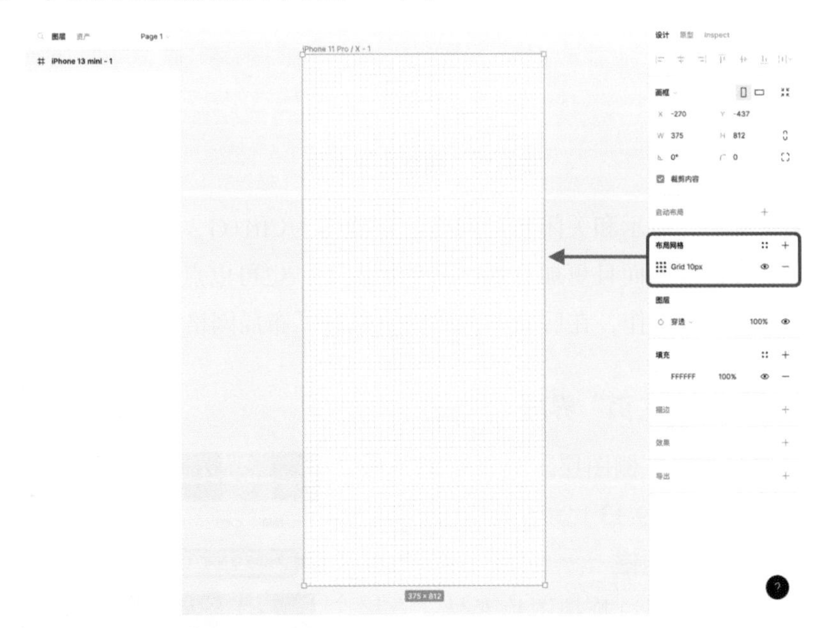

图9-9　打开布局网格

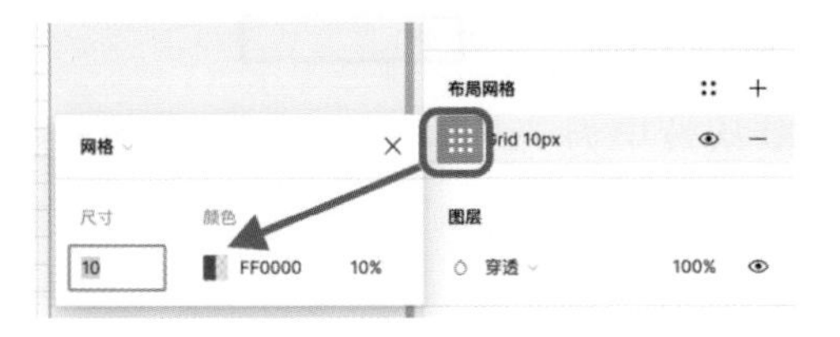

图9-10　调整网格样式

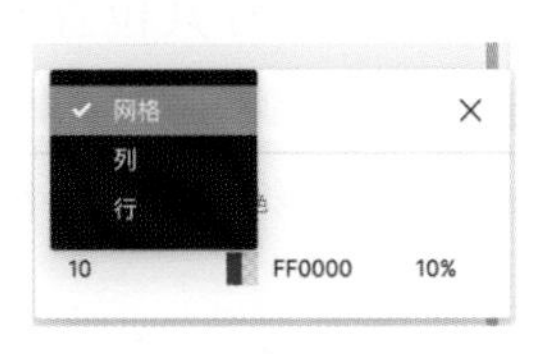

图9-11　调整网格类型

这些栅格可以多层叠加，当设置完一个栅格后，点击“布局网格”右侧的加号，可以再添加一个栅格，这个栅格也同样可以调整各种属性。这样就可以同时显示横向和纵向的栅格。该网格的添加没有上限，如果有必要可以无限次叠加。如图9-12为本案例使用的栅格设置参考，8行10列，均为自动间距和布局。

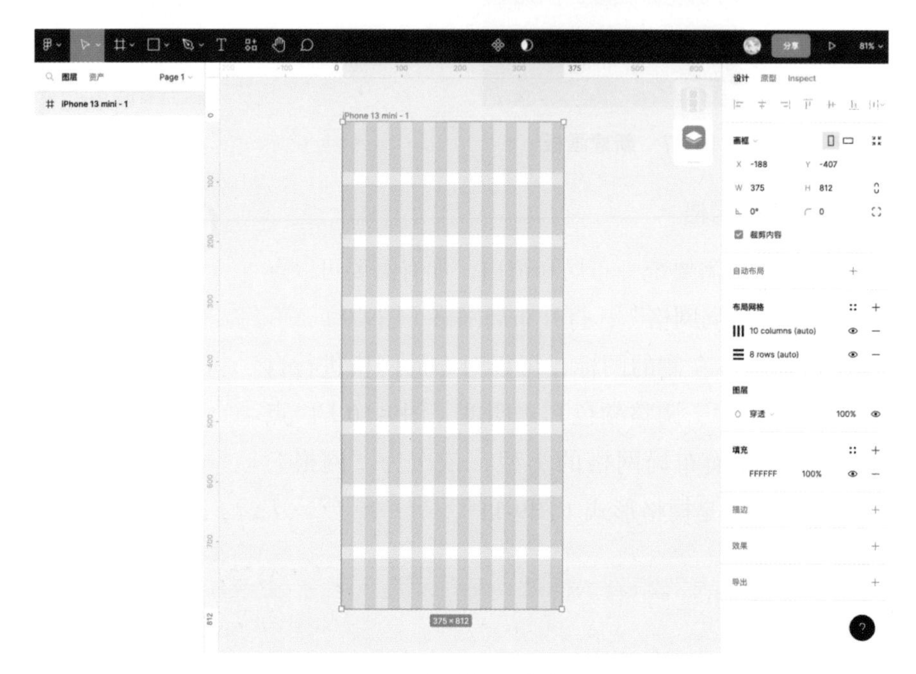

图9-12　栅格设置参考

在macOS系统中，显示和关闭布局网格的快捷键为Ctrl+G，可以在必要的时候显示或关闭布局网格，方便实用而且更加直观。其他情况下，也可以点击网格右侧的“眼睛”图标来进行显示或关闭的操作，在后面的说明中也隐藏了布局网格。

（4）设计“个人主页”界面

双击页面的标题或左侧图层工具栏中的画板标题，修改页面名称（图9-13）。

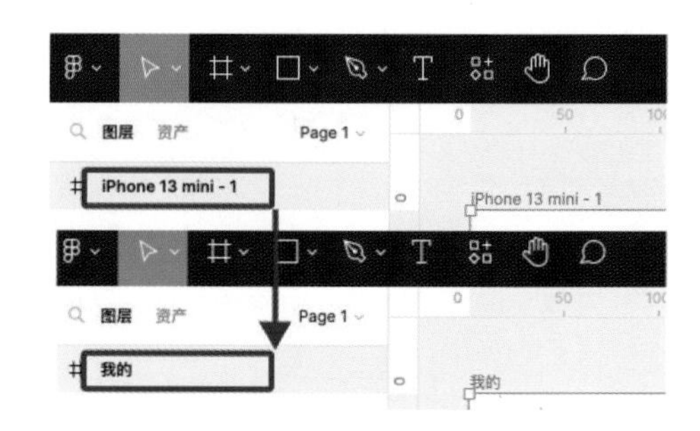

图9-13　修改页面名称

①制作App上方标题栏

导入素材并添加效果。拖拽图片素材，直接放进画板，此时左侧工具栏“我的”画板中显示了该素材的图层，调整好其位置和大小。点击右侧工具栏下方的“效果”添加效果，默认效果为“投影”，点击“投影”左侧图标，修改投影效果细节（图9-14）。

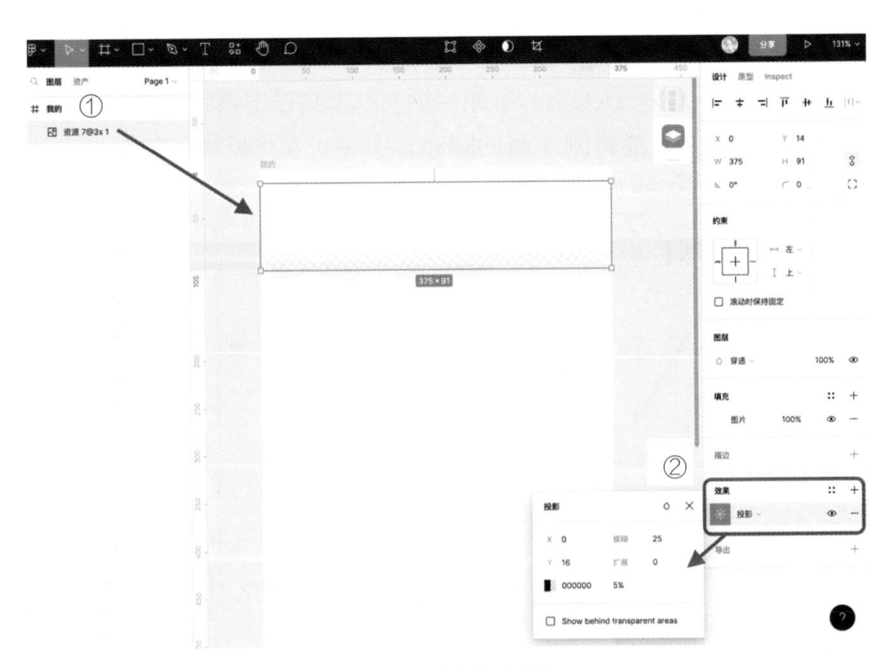

图9-14　为素材添加效果

将其他装饰元素同上操作添加在画板中，调整左侧图层使画面和谐（图9-15）。

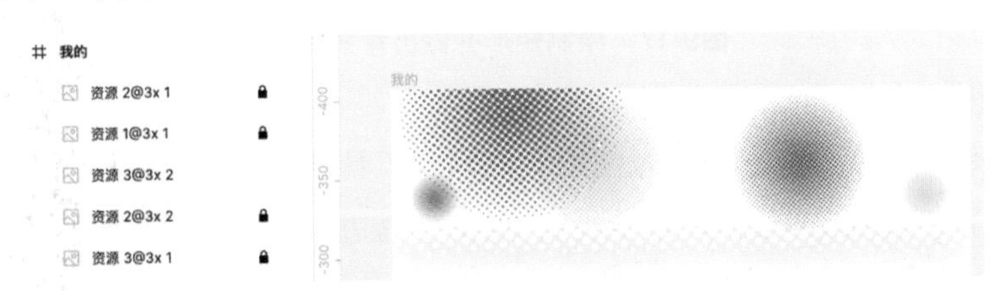

图9-15　添加其他素材

绘制添加圆形素材。点击页面左上角的方形标志，选择“椭圆”工具，或直接使用快捷键O，在画板上按住Shift绘制圆形，在左侧图层中调整覆盖关系。在右侧“填充”工具栏中调整填充颜色（图9-16）。

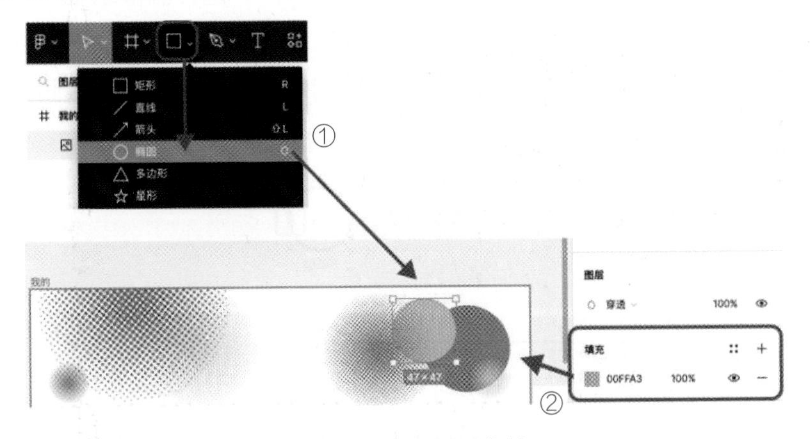

图9-16　添加圆形素材

使用“背景模糊”。同上，点击“矩形”工具，或直接使用快捷键R，在画板上绘制一个长方形，在图层中调整覆盖关系。右侧“填充”工具栏中调整颜色填充和透明度。要想做出背景模糊的效果，就要将刚才画的圆和其中一些素材模糊处理。点击“效果”选项，将默认的“投影”选项改为“背景模糊”，并调整参数（图9-17）。

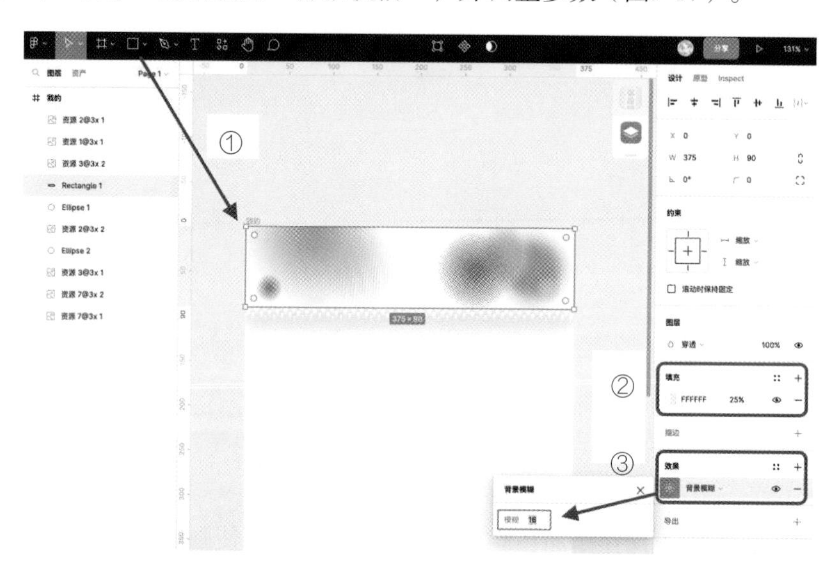

图9-17　绘制矩形并做出背景模糊

②制作图标

要制作一个“搜索”标志，首先使用“椭圆”工具，绘制一个圆形。点击“填充”工具栏下面的减号，去除这个圆的填充颜色。点击“描边”工具栏，为圆形添加一个描边，调整颜色和描边粗细。

将鼠标移到圆形描边上，此时可以看到有一个名为“Arc”的锚点，拖拽锚点可以将圆形按角度变成扇形。此时扇形上出现三个锚点，将鼠标移到中间名为“Ratio”的锚点上，拖拽该锚点至边缘，即可得到一个有缺口的圆形弧线（图9-18）。点击右侧“描边”工具栏中右下角的图标，进入设置界面，点击“结束点”，选择圆形结束点。在菜单栏中选择“直线”工具，绘制并调整角度、颜色、粗细以及结束点样式。选中刚刚画好的两个图形，单击鼠标右键，选择“编组所选项”，将它们编组。此时可以在左侧图层栏中的编组重新命名，改变图标名称（图9-19）。

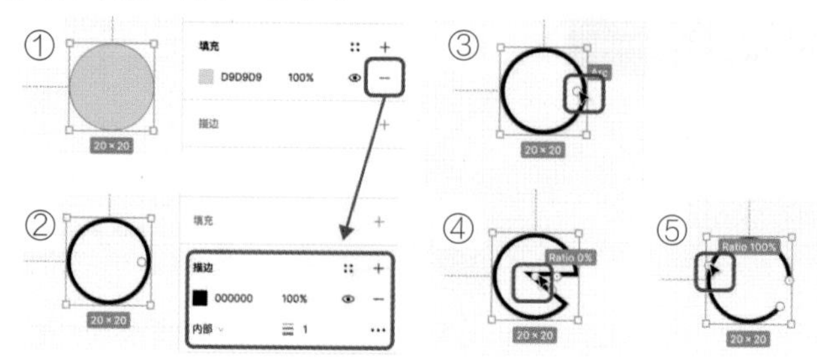

图9-18　制作有缺口的圆形弧线

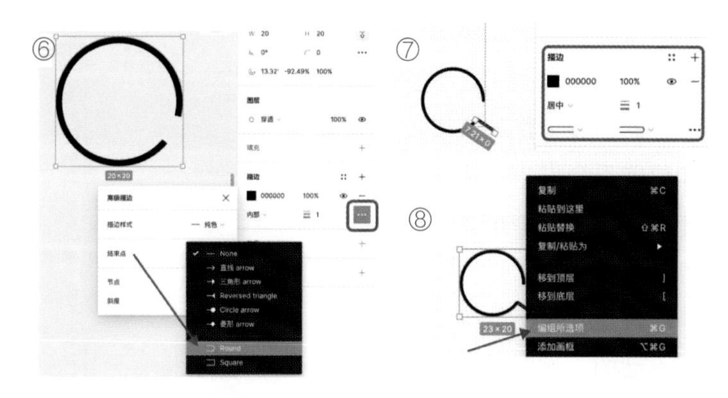

图9-19　完成“搜索”标志

后续一些图标都可以用类似的方式制作，或者选择提前在Ai中做好素材再导出，直接拖进Figma，后文中的图标制作过程省略。

③制作标题栏与底边栏

继续完善标题栏的设计，添加图标和文字。全选所有组成标题栏的部件，点击上方菜单栏中央左侧的图标，选择“创建组件”。此时左侧被选中的图层已经编组，双击“组件”进行重命名，这里命名为“标题栏”。按住Command和鼠标左键，可以拖拽该组件上方多出的界线到画板边缘。这时，点击左上角的“资产”可以看到在“我的”画板内，有一个名为“标题栏”的资产出现。以后制作其他界面需要标题栏的时候，可以直接拖拽使用（图9-20）。

以上是创建一个组件的基本步骤，所有组件在创建之后都可以在资产页面找到，并随时拖拽到画板中进行设计和排版。第一个建立的组件在图层中显示为实心图标，后续所有复制的组件副本为空心图标（图9-21）。

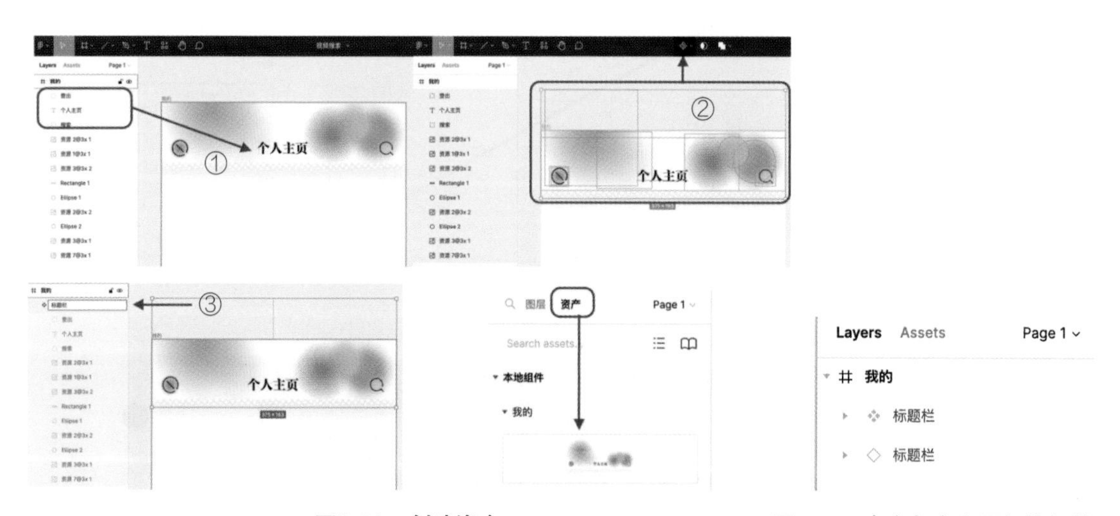

图9-20　创建资产　　　　图9-21　实心与空心图标的组件

当对实心图标的组件进行编辑时，该组件的所有其他副本都会受到相应的格式变化，例如图片位置发生改变等，但对已经编辑过的内容不会有影响。当对空心图标的组件进行编辑时，只能更改该组件的内容，例如文字内容和图片内容等，格式和位置不会发生变化。

根据以上制作标题栏的相似操作，制作底边栏（图9-22）。

图9-22 制作底边栏

在使用App时，无论怎样上下滑动，标题栏和底边栏都是固定不动的。这时需要将这两个部分约束住，使之“在滚动时保持固定”。同时选择这两个组件，在右侧“约束”工具栏中点选“滚动时保持固定”。此时，可以看到左侧“我的”画板下方出现了两个小标题（图9-23）。

在“固定”标题下方的所有图层都会在滚动中保持固定，而“滚动”标题下方的图层则不会。当我们新建任一元素时，都默认在“滚动”标题下，可以根据需要手动将图层拖动到“固定”标题下，该标题下的图层将一直显示在画板的最上方。

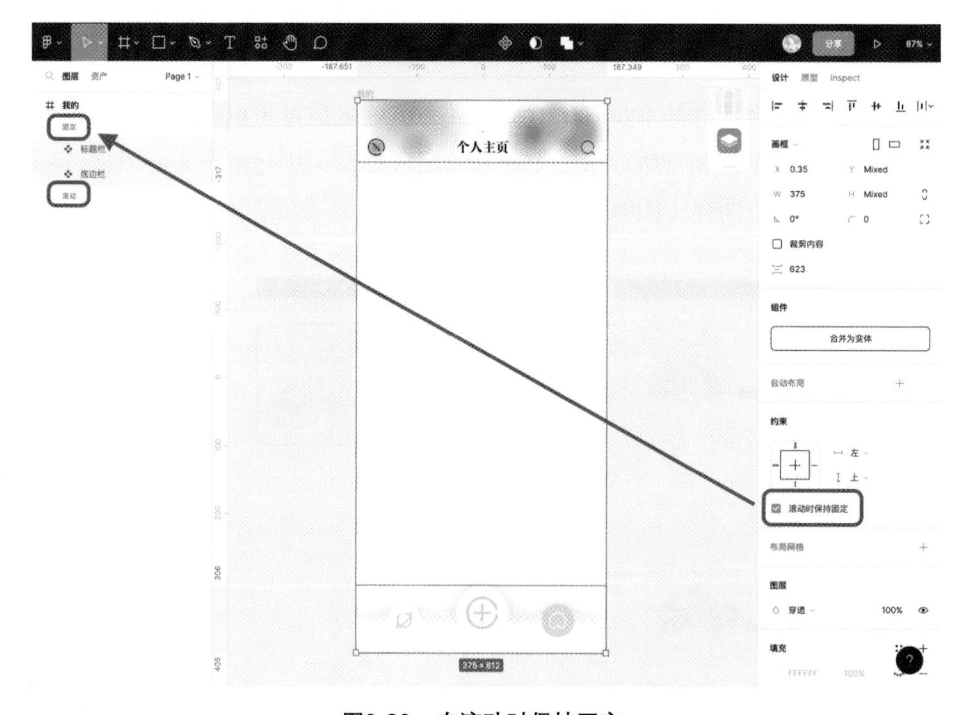

图9-23 在滚动时保持固定

根据需要，可以在画板中添加iOS或安卓的UI，达到更加直观的展示效果（图9-24）。根据以上操作和已经画好的草图，放置该页面的其他素材（图9-25）。

图9-24　添加iOS的UI

图9-25　放置“我的”界面其他素材

④制作垂直滚动菜单

根据草图，该界面下方是一个可以滚动的选项菜单，类似App的设置界面。先绘制其中一个选项，方便后期作调整和修改，可以为之创建一个组件（图9-26）。

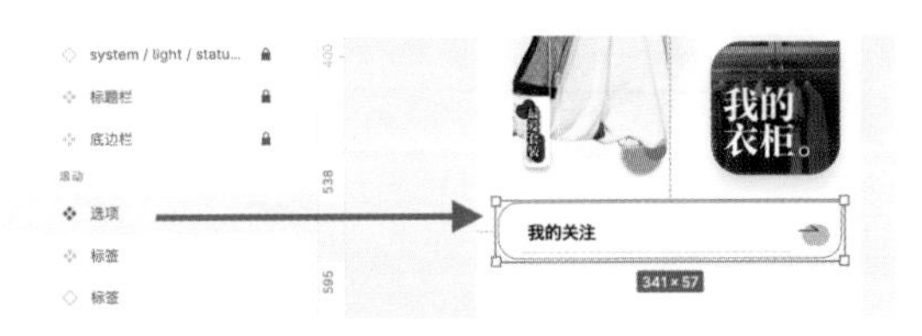

图9-26　绘制一个选项并创建组件

选中“我的”画板，在右侧工具栏中取消点选“裁剪内容”项，此时，超出画板部分的内容可以显示。复制更多选项卡，并更改文字内容，制作菜单（图9-27）。

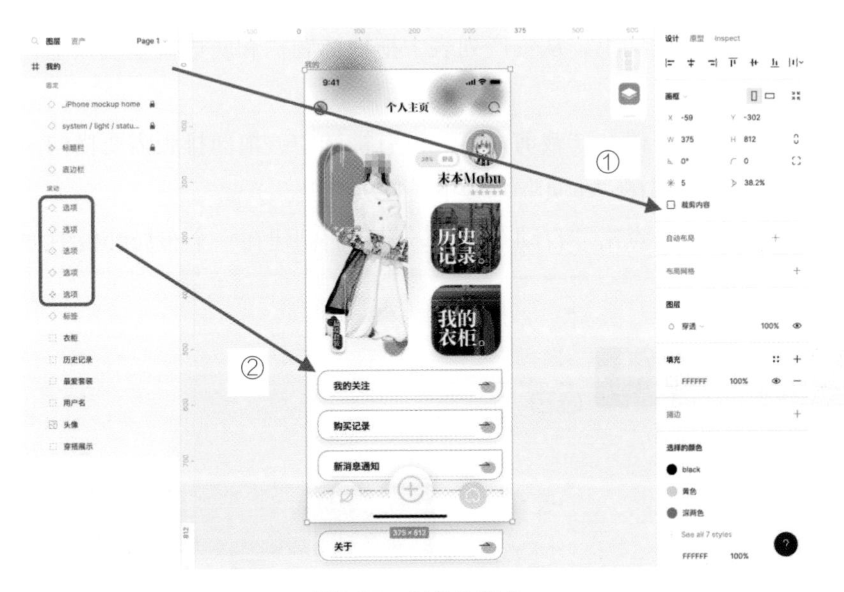

图9-27　制作选项卡

选中那些刚刚做好的选项，点击右侧工具栏中的“自动布局”（图9-28）。

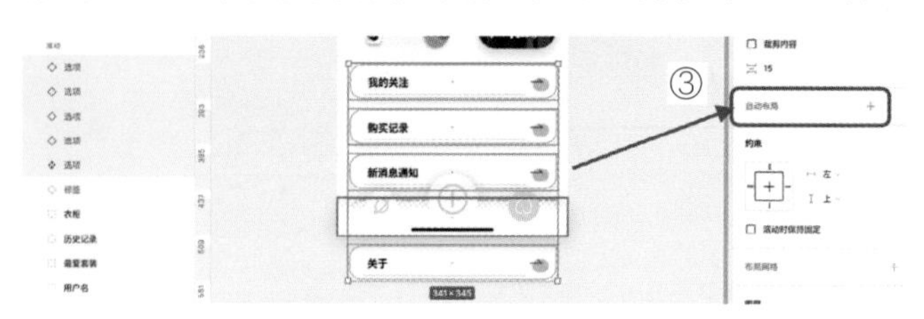

图9-28 自动布局（1）

此时可以看到左侧的五个选项组件被合并到一个名为“Frame 1”的画板中。右侧的“自动布局”工具栏也会随之变化，可以根据需要进行细节调整（图9-29）。

如果想让滚动菜单仅仅在该界面的下半部分滚动，就选中那个新的布局画板，将画板边界调到想要的位置后保持选中的状态。如果想要这个界面上所有内容都能够上下滚动，则选中“我的”画板，点击页面右上角的“原型”显示原型设置，点击“无滚动”，将“溢出滚动”设置改为“垂直滚动”，这样就做好了这一页的滚动效果（图9-30）。演示时，可以拖动中间的界面上下滑动。

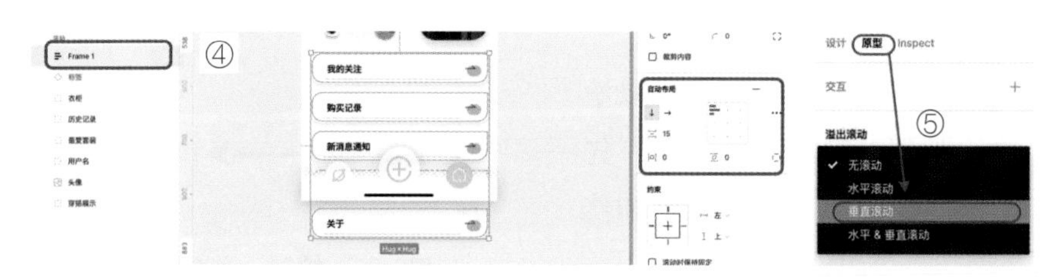

图9-29 画板和“自动布局”栏的变化　　图9-30 “垂直滚动”设置

（5）设计“主页”页面

新建一个画板，操作同上，从资产列表中拖拽标题栏和底边栏至画板上，按照草图绘制元素并添加图片。

制作横向滚动菜单。确认“裁剪内容”没有被选中，横向排版需要横向滚动的元素，并确保上述元素的图层都在“主页”画板下（图9-31）。

同时选中这些元素，点击“自动布局”，将它们创建在一个布局画板中（图9-32）。

图9-31 平铺所需元素　　图9-32 自动布局（2）

用鼠标左键拖拽布局画板右侧边缘的蓝色线框，将其放置在“主页”画板中希望显示的位置（图9-33）。

在选中布局画板的同时，点选右侧的“裁剪内容”选项，可以看到，此时超出画板边缘的部分将不会被显示（图9-34）。

选中该布局画板的同时，点选右侧工具栏中的“原型”工具，点击“无滚动”，“溢出滚动”设置为“水平滚动”即可（图9-35）。

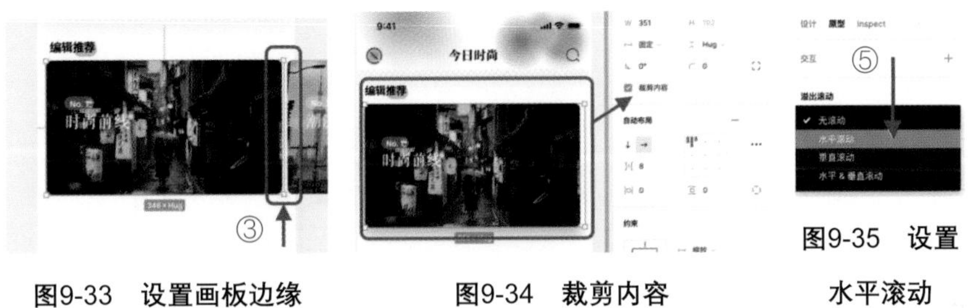

图9-33 设置画板边缘　　图9-34 裁剪内容　　图9-35 设置水平滚动

这样就制作好了一个可以水平拖动的选框。当有多个水平拖动的选框垂直排列时，重复上述“制作垂直滚动菜单”的操作，就可以制作出既能上下拖动，各个模块也可以横向滚动的界面。按照以上操作，完成并丰富“主页”界面（图9-36）。

（6）设计其他页面

运用以上全部操作，继续设计并制作其余的界面，方法几乎一致。例如，制作自由换装界面，该页面由标题栏、底边栏、固定元素和溢出滚动模块组成（图9-37）。其中，溢出滚动模块仅在红框内部展示，拖动对应布局画板的边界线与红框重叠，就可以做到相同的效果。

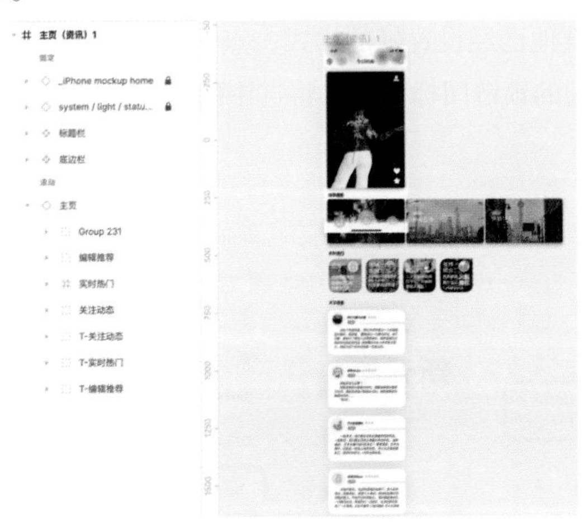

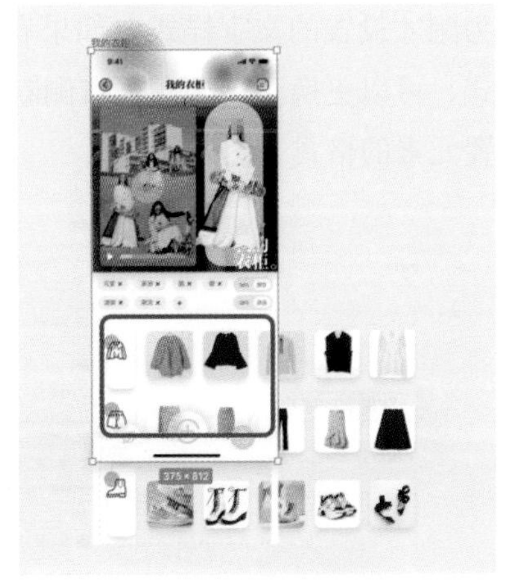

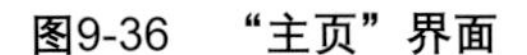

图9-36 “主页”界面　　图9-37 完成效果

（7）设置样式

利用Figma绘制一个项目的交互界面时，可以定制一些专属于该项目的样式，包括画板的网格样式、元素的文本样式、颜色样式、效果样式等都可以进行预设，在下一次绘制时直接套用，方便快捷（图9-38）。

设置样式的方法如下。选择一个文字元素，在右侧工具栏中的“文本”部分修改文字格式（图9-39）。

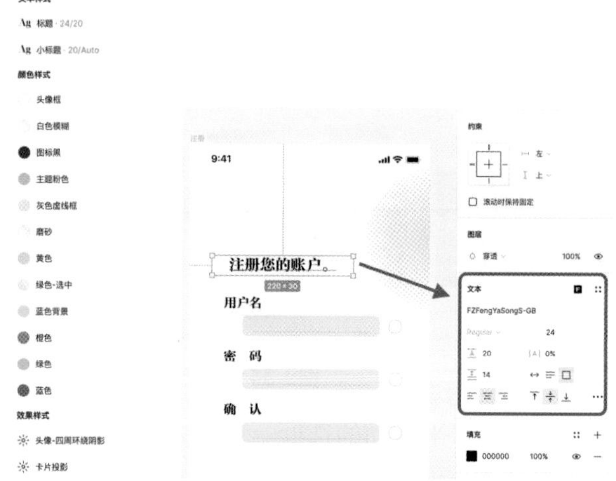

图9-38　项目中的样式　　　图9-39　修改文字格式

设置好字体和格式后，点击“文本”右侧四个圆点的标志，打开编辑对话框，点击加号（图9-40）。

图9-40　编辑对话框

在弹出的对话框中为该文字样式命名，点击新建样式（图9-41）。

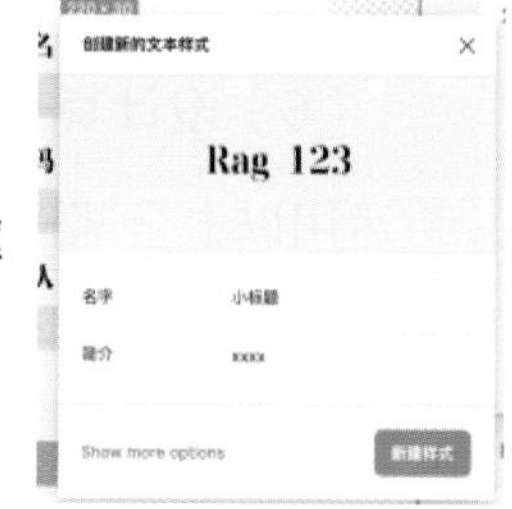

图9-41　重命名样式

创建完成后，选中该文字元素时原本的“文本”工具栏的位置被替换为刚才设置的文字样式。如果有其他已经设置好的样式，点击该样式，可以更换。点击样式右侧断裂的锁链图标，可以将选中的元素与该样式断联，重新设置元素的格式（图9-42）。

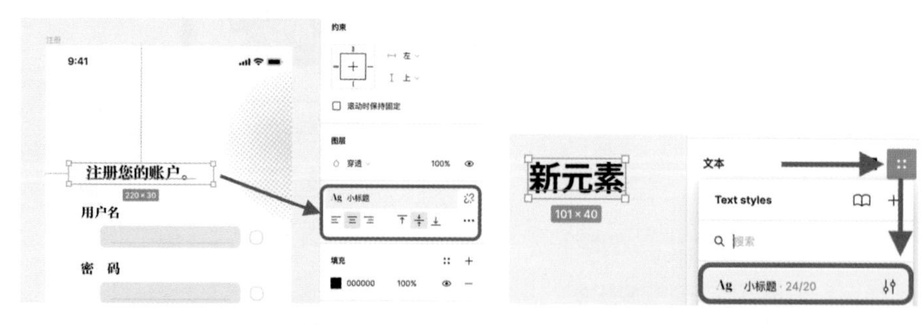

图9-42　设置样式　　　图9-43　套用样式

当一个新元素需要套用该样式时，选中那个新元素，点击“文本”右侧四个圆点的图标，选择下方的样式即可（图9-43）。

颜色样式、效果样式的设置操作同上。根据以上内容，绘制所有主要界面（图9-44）。

图9-44 主要界面一览

9.2.2 使用Figma制作界面视觉交互方案

（1）制作Logo和注册页面的交互动画

想要完成两个界面之间的跳转非常简单，以本案例的Logo页为例，需要打开App时显示一个单独的Logo，几秒后自动跳转到注册界面（图9-45）。

设计过渡动画，先让Logo逐渐变得透明，再让背景的装饰元素渐渐浮现，同时让中间那些字框从画面下方淡入，上升到中间去。直接复制一个Logo界面，这个画板将作为那两个已经做好的界面之间跳转动画的“关键帧”。将跳转界面中的Logo图层删除，此时该页面中没有元素（图9-46）。

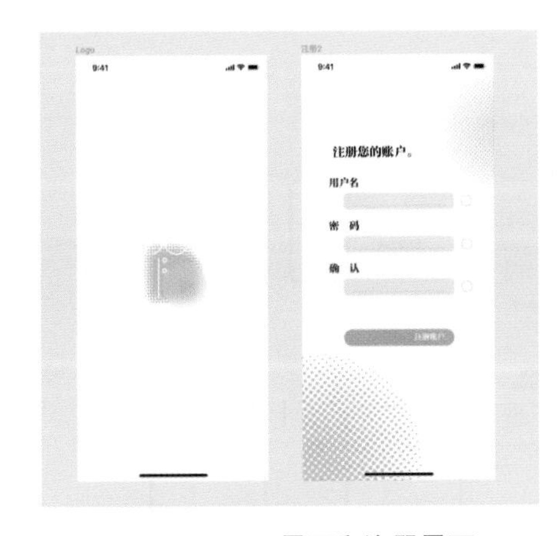

图9-45 Logo界面和注册界面

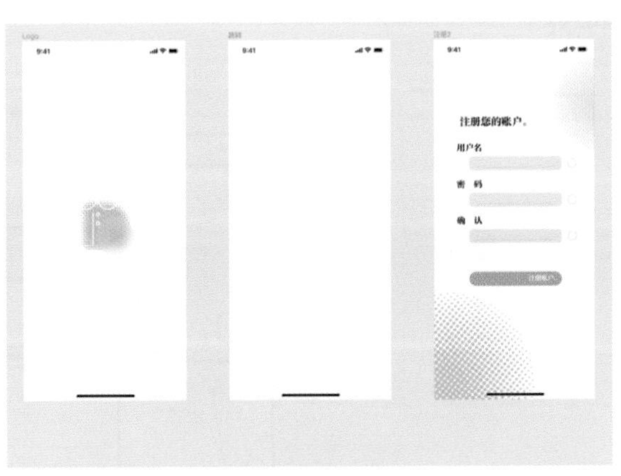

图9-46 跳转界面

点击画面右上角的“原型”选项，跳转到原型设置界面，点击Logo画板的标题，选中该画板，点击“流程起始点”，设置该画板为流程起始点（图9-47）。

继续选中Logo画板，可以看到在原型设置模式下，选中画板时画板右侧会出现一个连接点（图9-48）。

拖拽这个连接点到跳转画板上，此时两个画板之间连接了一条线，并自动弹出了交互细节对话框（图9-49）。

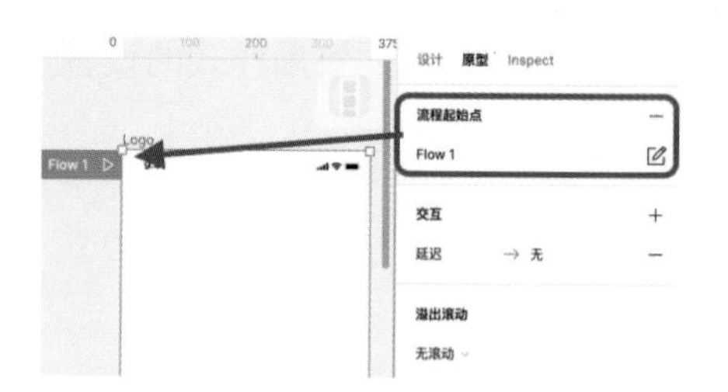

图9-47　设置流程起始点

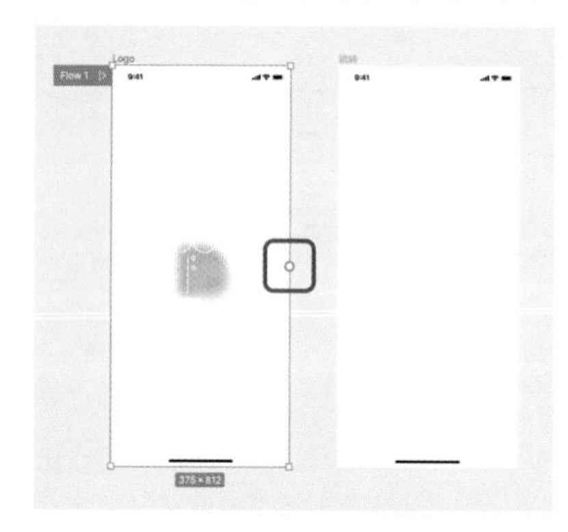
图9-48　连接点

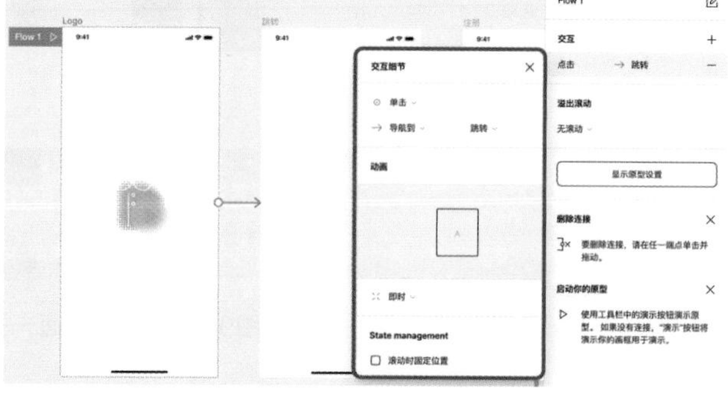

图9-49　交互细节对话框

设置自动跳转，将对话框中交互细节的“单击”改为“延迟触发”。此时，这个选项框旁边会出现“800ms”的字样，代表当显示前一个画面时等待800ms自动跳转到下一个画面。可以根据需要修改时间的长短。

想让画面柔和地过渡，让Logo淡出画面，则更改对话框下方动画的“即时”为“溶解”，这样过渡动画就会改为溶解效果。改为溶解效果后，下方又会多出一个动画效果选项，可以选择自定义动画曲线（图9-50）。

将“注册”界面中的元素全选并复制，点击“跳转”界面的标题再粘贴，就可以把这些元素按照原来的位置复制进来。复制好后，把背景的两个装饰元素的图层透明度调为0（图9-51）。

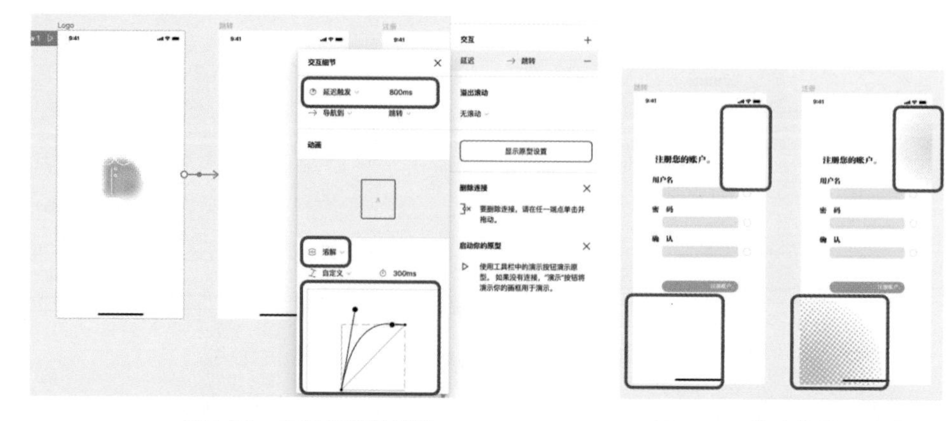

图9-50　交互细节的修改　　图9-51　修改背景透明度

选中“跳转”界面中间那些字框，将它们移动到画面下方的预想中它们开始出现的地方（图9-52）。把这些元素的图层透明度也改为0，这时“跳转”界面恢复一片空白（图9-53）。

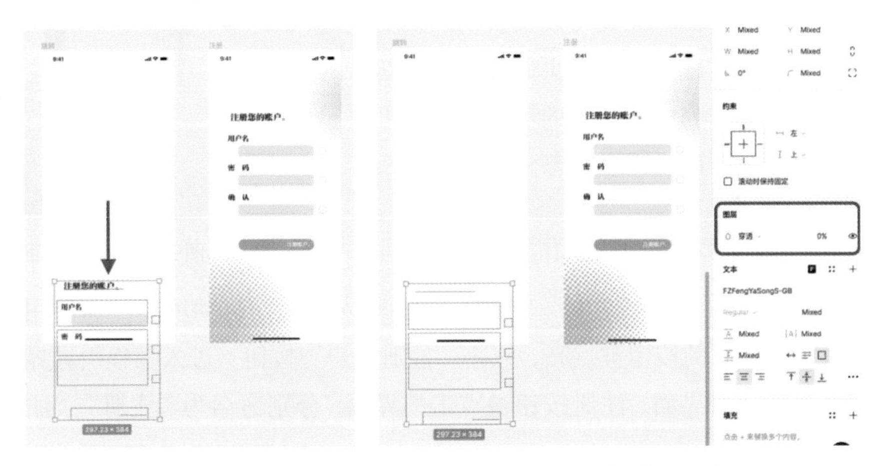

图9-52　改变元素位置　　**图9-53　修改透明度**

Figma的智能动画系统会自动识别两个画板之中相同名称的图层，将它们识别为同一元素。像这样专门制作一个“关键帧”画板，修改一些元素的大小、位置或透明度时，可以做出很多自然美观的动画效果。但一些失误会导致图层名称相同的图层不能被识别为一个元素，从而无法做出智能动画，所以最保险的做法就是复制粘贴。

在“原型”模式下，将鼠标指针放在其中一个画板的元素上，该元素被蓝色框线框起的同时，另一个画板中对应的元素也会被蓝色框线框起，这就是识别成功的标志（图9-54）。

已经做好跳转界面后，重复之前连接交互动画的操作，将两个画板连线，并修改交互细节。由于这个界面只是过渡动画的一部分，所以依旧选择“延迟触发”，动画效果选择“推动”，并点击向上的箭头。在这里，注意一定要勾选“智能动画匹配图层”选项，这样就会识别并制作智能动画（图9-55）。

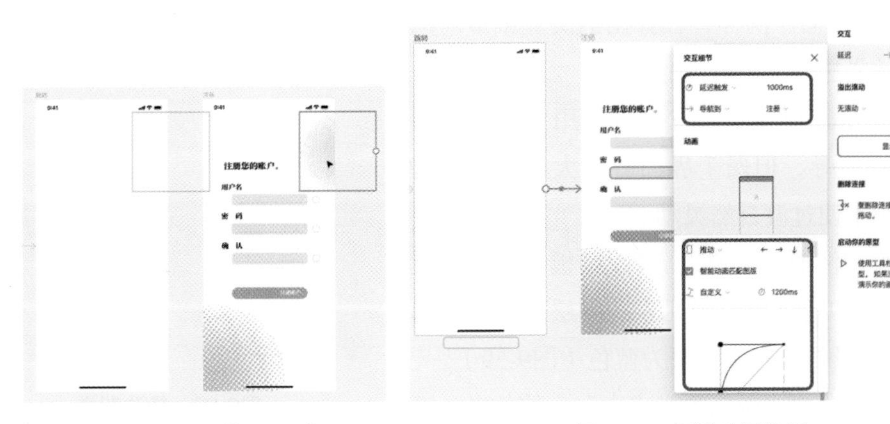

图9-54　识别相同元素　　**图9-55　智能动画设置**

这样一来，进入App并打开注册界面的动画就设置完成了，点击画面右上角的播放按钮，会自动在新标签页打开预览界面，在此可以查看动画演示效果。在制作动效的过程中，这个页面会实时更新效果，因此，每当制作完一个部分的动效后，都可以来确认实际动画是否达成理想状态（图9-56）。

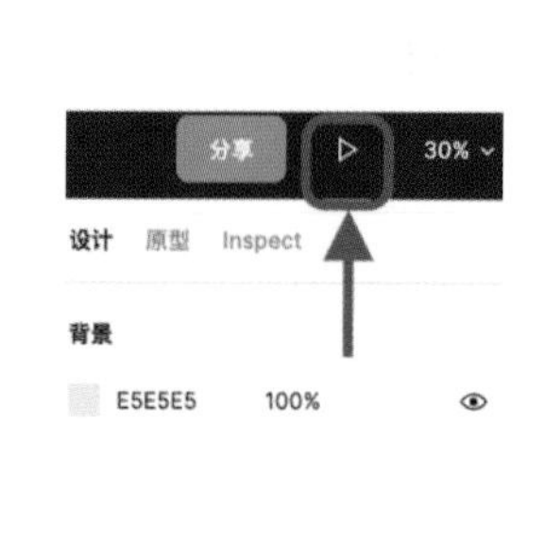

图9-56 演示画面

（2）制作注册页面到教程页面的交互动画

接下来，要制作一些按钮效果。当用户点击输入框时，自动填写注册的用户名和密码，同时“注册账户”的按钮被点亮，点击“注册账户”按钮，进入教程引导界面。

首先，准备好注册界面、注册按钮被点击的界面，分别命名为“注册”“注册1”（图9-57）。

在“原型”模式下，点击“注册”界面中“用户名”下方的空白输入框元素，此时该元素右侧出现一个小蓝点，点击拖拽到“注册1”画板上（图9-58）。

图9-57 准备界面

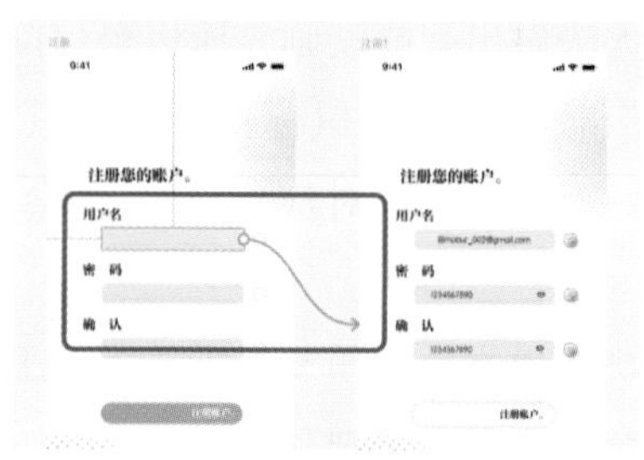

图9-58 连接元素与画板

连接这条线后代表用户点击这个元素，就会跳转到“注册1”界面。同样，在弹出的交互细节对话框中，动画效果选择“溶解”。

接下来制作教程界面。我们希望用户注册之后直接进入教程引导，但两个界面有较大差异，需要制作智能动画来使过渡自然灵动。

复制一个“注册1”画板，修改画板名称为“教程1”。将画板中的背景装饰元素的图层透明度调为0，并将画板背景的填充颜色改为蓝色（图9-59）。

图9-59 修改背景

选择文字元素“注册您的账户。”，按住Shift键将它垂直上移，并修改文字颜色为白色（图9-60）。

全选其余的元素，将它们的图层透明度调为0，并且拖拽选框，将它们的高度压缩（图9-61）。这样，后续制作智能动画时，其余的元素会伴随着收缩的效果快速淡出，会更加生动自然。

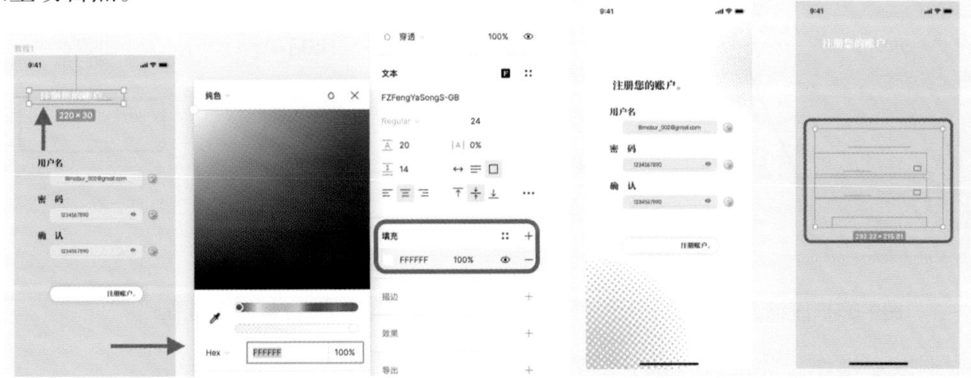

图9-60　修改文字元素　　图9-61　调整其余元素

点击右上角的“原型”，更改为“原型”模式，选择“注册1”界面中的“注册账户”按钮，连线至“教程1”画板上。在交互细节对话框中选择“智能动画”，制作智能动画。若希望这个动画更加灵动，可以添加一个已经预设好的动画效果，选择“缓进和缓出”，并将后面的时间改为600ms（图9-62）。

复制一个“教程1”画板，修改名称为“教程2”，将后续要展示的文字元素摆在合适的位置（图9-63）。

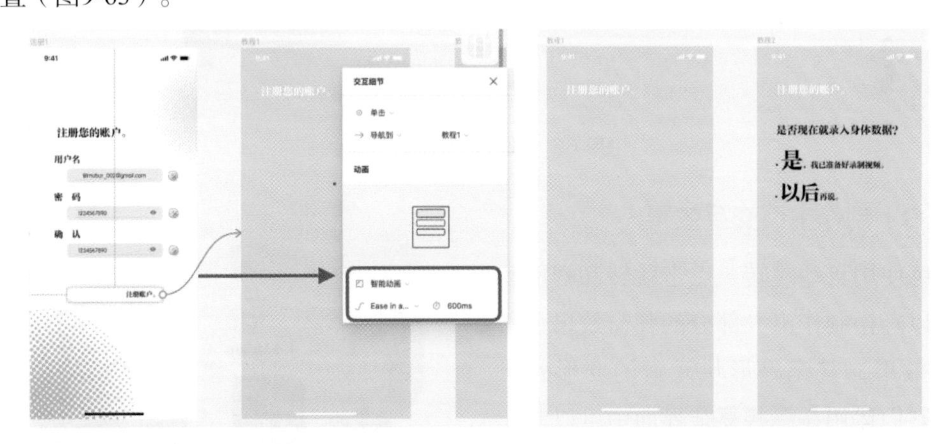

图9-62　设置交互动画　　图9-63　制作“教程2”界面

和之前制作智能动画的操作一样，要想让新加入的元素在动画效果中从下方升起，复制那些元素到前一个画板中，将图层透明度调为0，并将它们拖拽到画面下方。同样，想要有更自然的效果，可以稍微压缩这些元素的高度（图9-64）。

点击画面右上角，修改为“原型”模式，点击“教程1”的画板标题，连接到“教程2”，并设置交互细节为“延迟触发”“1000ms”，勾选“智能动画”，并设置自定义动画曲线（图9-65）。

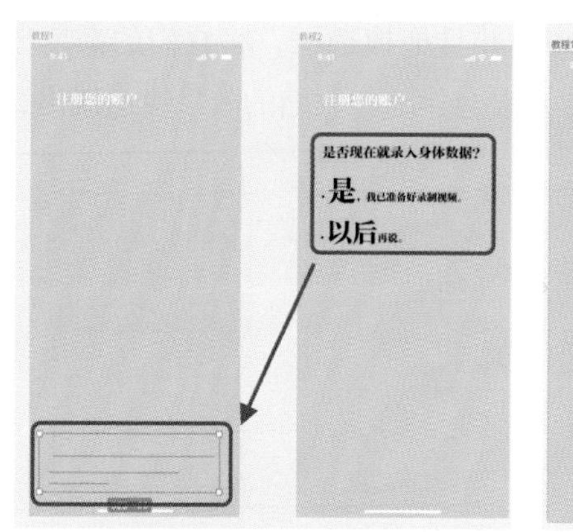

图9-64　压缩元素高度

图9-65　设置交互细节

根据以上操作，完成教程部分的界面制作和交互动画（图9-66）。

图9-66　教程部分完成效果

（3）制作主页交互效果

熟练使用自动跳转、点击跳转和智能动画，可以轻松制作出大部分的弹窗效果、移入移出效果，甚至是形状元素的变形效果等，将它们运用在一些复杂界面中可以制作出许多不错的效果。例如，在本案例的“个人主页”中，点击“我的衣柜”可以跳转到对应的界面（图9-67）。但如果仅仅使用溶解效果就太过无趣了，可以运用之前的方法，制作更加生动的交互动画。

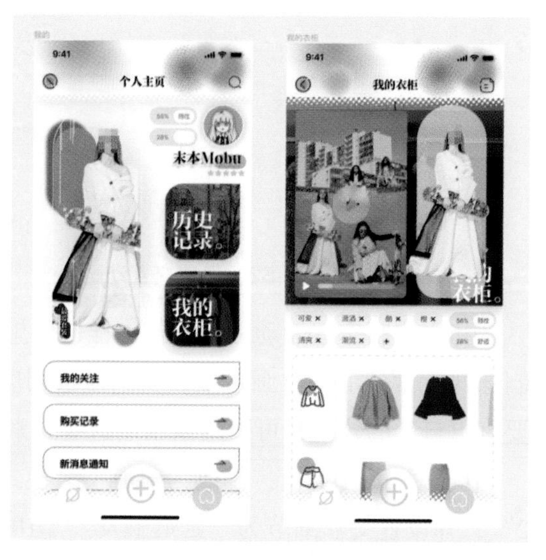

图9-67　“个人主页”和“我的衣柜”界面

这两个界面中有一些元素是重合的，比如人物画像、标签和背景图片。“个人主页”界面中，“我的衣柜”按钮是由填充图片的矩形框和文字组成的编组，名称为“衣柜”（图9-68）。在制作“我的衣柜”界面时，将上半部分的背景图片单独编组，也命名为“衣柜”（图9-69）。

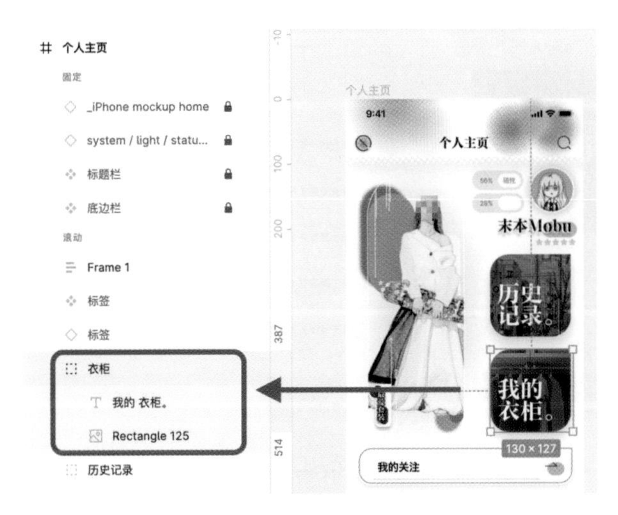

图9-68　“衣柜”按钮

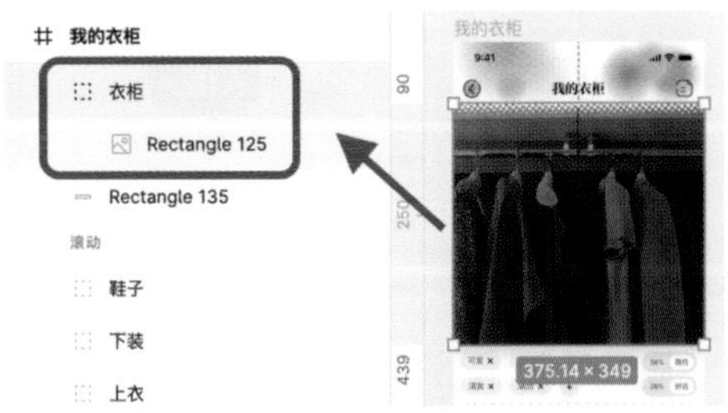

图9-69　背景图片单独编组并重命名

这样，在点击按钮跳转到该界面时，原本“个人主页”界面中“我的衣柜”按钮会自动放大，并覆盖后者界面中的上半部分，成为背景图片。同理，“我的衣柜”右侧的人物画像所在的编组也可以修改为和前一个界面中相同的名字。跳转时，人物画像会自动从左边移到右边。其他的相同元素也一样，在制作时直接复制粘贴，跳转时就会自动移动到相应位置（图9-70）。

在“原型”模式下连接按钮和画板，如图9-71所示，并选择智能动画，调节其他动画细节。

图9-70　标签元素的移动

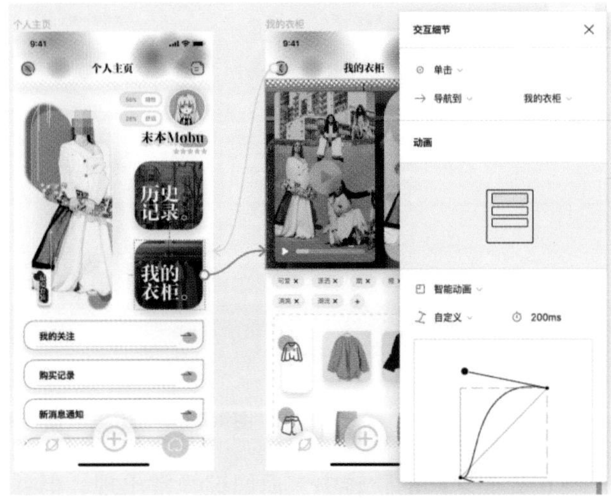

图9-71　智能动画

同理，运用同名称图层的方法，制作该页面的“历史记录”按钮对应的页面和原型智能动画连线（图9-72）。

图9-72　“浏览记录”和“历史数据”

智能动画不仅可以用在页面之间的跳转中，也可以用在一些元素组成的小组件的动画效果中，比如“历史数据”页面中，点击“美好的一天！”右侧的加号可以展开这个对话框。这种形式的动画也可以用智能动画来实现，如图9-73所示的连线中，点击加号可以展开该对话框，点击展开的对话框本身又可以收起，点击右下角的图标可以进入详情界面。

图9-73　“历史数据”和详情界面

在界面之间的跳转中，返回键经常出现，但并不需要特地连接返回按钮与预期返回的页面。在“原型”模式下拖动返回按钮元素的连线点，此时可以看到，对应画板的右上角有一个返回标志，将线连接在该标志上并选择交互细节即可。这个按钮就会默认变成返回键，当用户点击时，可以返回上一级（图9-74）。

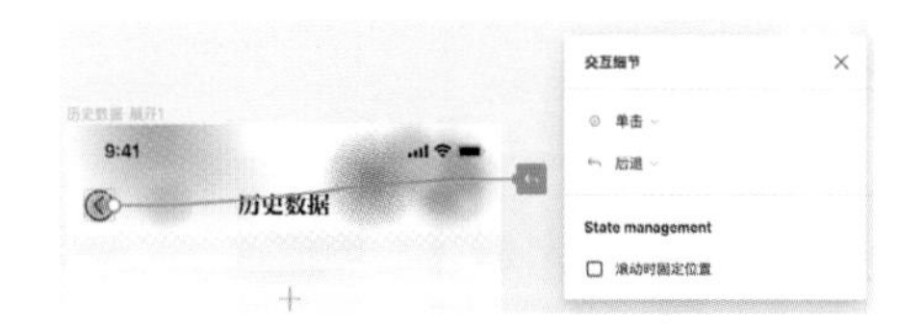

图9-74　快捷制作返回键

（4）制作弹出效果

在首页点击“搜索”图标会进入搜索界面。首先将该图标与搜索界面连线，并在交互细节中选择智能动画（图9-75）。

利用智能动画，制作搜索框向下弹出、键盘向上弹出的效果。首先复制搜索框和键盘元素到“主页”画板中，将搜索框往上移、键盘往下移，就算超出画面也没关系，但必须保证图层都在“主页”画板下，并将这些元素的图层透明度都调为0（图9-76）。

图9-75　连接“搜索”图标与界面

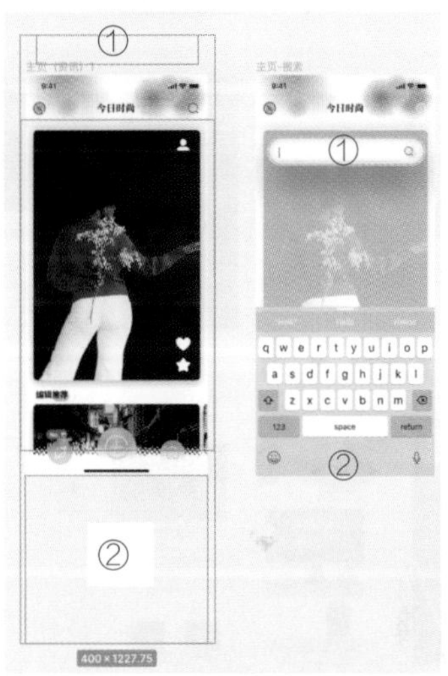

图9-76　复制元素并调整格式

在设置好智能动画的情况下，在演示界面查看动画效果是否达到预期，如果成功，点击搜索时搜索框和键盘就会相应地自然弹出。同理，弹出效果也可以运用在点击首页底部的加号时弹出选项卡按钮的情况（图9-77）。

将两个选项卡对齐中线，重叠摆放在主页下方，调整图层透明度为0，并连接首页的加号到视频搜索界面上，选择智能动画并调整交互细节。在实际演示时，选项卡按钮会一边往两侧展开一边弹出。

综合以上的所有内容，可以制作其余的录制界面、穿搭推荐界面、个人风格鉴定等的交互动画（图9-78）。

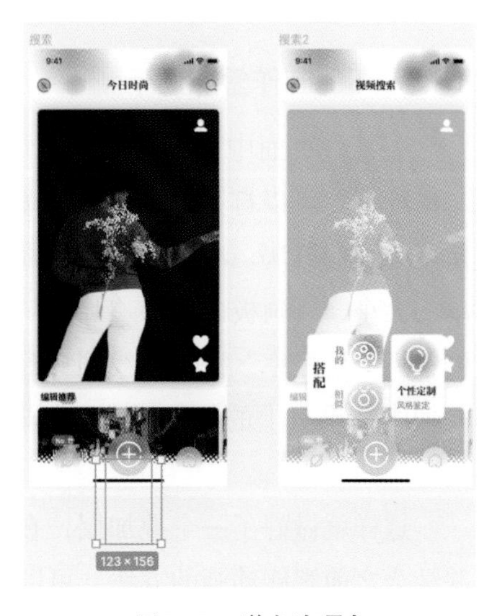

图9-77　弹出选项卡

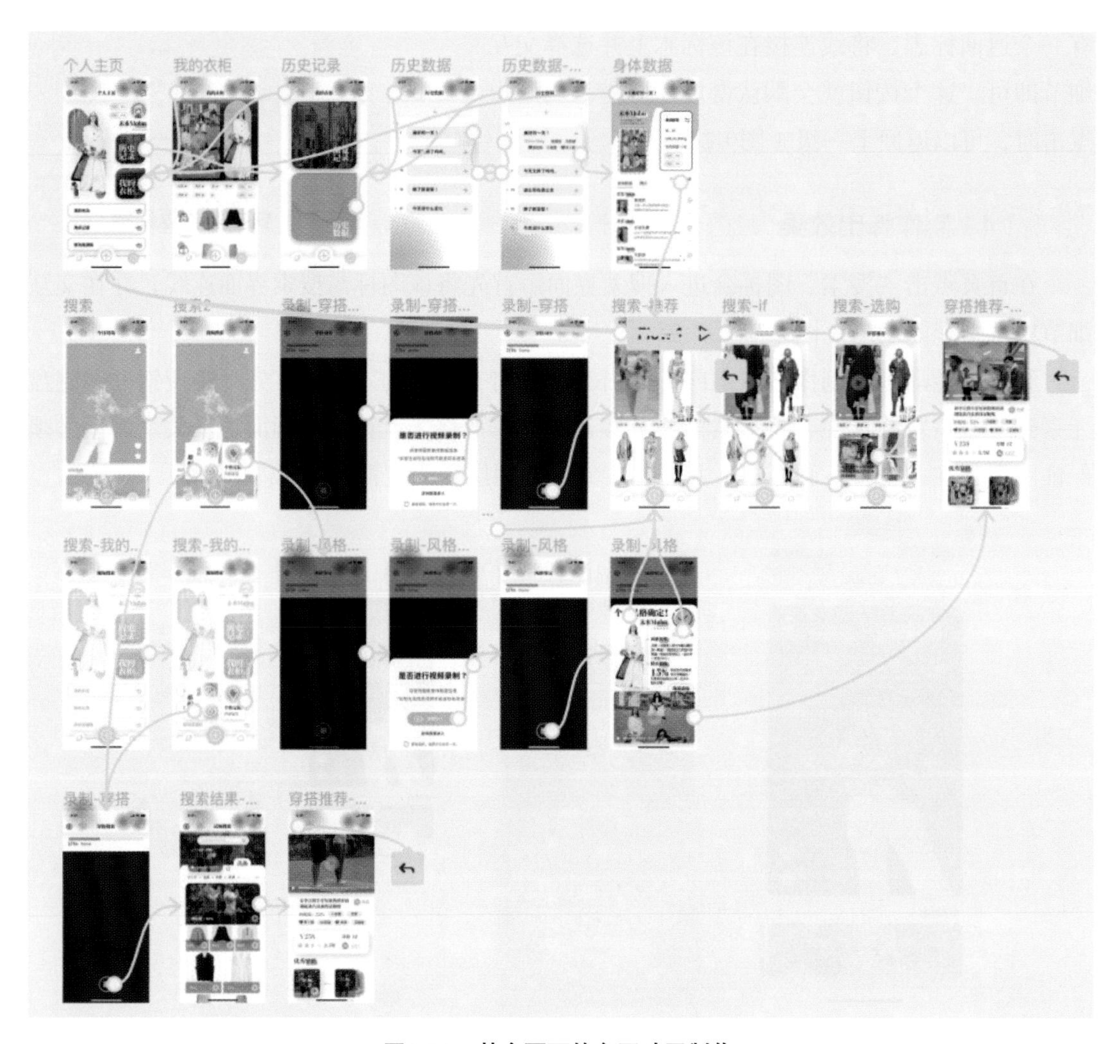

图9-78　其余页面的交互动画制作

（5）制作叠加层

在某些页面中，弹窗效果也可以利用叠加层的方式制作。例如在搜索结果中，点击“搭配率”可以打开筛选菜单，按照不同方式筛选搜索结果。制作这个弹出的菜单就可以使用叠加的方法。准备已经制作好的搜索结果页，新建一个画板，画板大小取决于展开菜单的大小，将画板命名为“筛选”（图9-79）。

将“搭配率”按钮连线到“筛选”画板上，在交互细节上选择“打开叠加”，将显示在搜索结果页上的叠加预览层挪动到合适的位置上。在叠加选项中点选“点击空白处关闭”（图9-80）。

这样就做好了一个叠加层，在点击“搭配率”按钮时会展开筛选菜单。根据这个操作并结合之前智能动画的方法，可以优化这个界面，增加“添加到衣柜”功能（图9-81）。

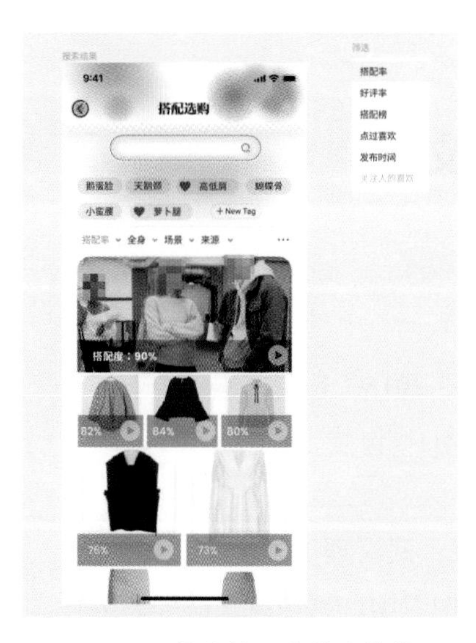

图9-79　搜索结果和筛选菜单

图9-80　设置叠加层

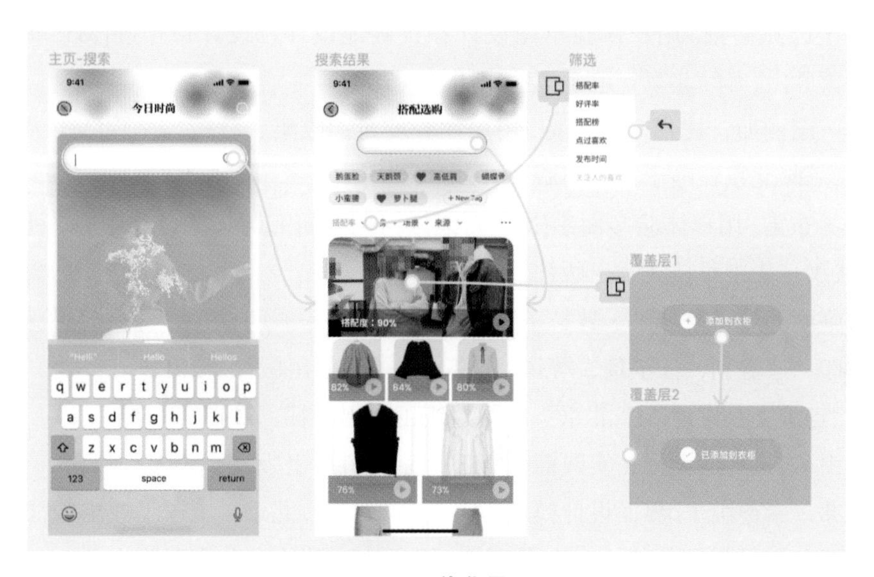

图9-81　优化界面

最后，完善和优化界面设计和交互效果，点击画面右上角的“演示”按钮，进行最终效果查验。

本章小结

本章以案例的方式讲解了移动端界面设计的方法，主要内容为：以视频搜索App的界面设计为例，详细介绍了使用Figma设计与制作移动端界面视觉效果图、交互原型的方法。

参考文献

[1] 辛向阳. 交互设计：从物理逻辑到行为逻辑[J]. 装饰，2015（1）：58-62.

[2] 叶冬冬，李世国. 交互设计中的需求层次及设计策略[J]. 包装工程，2013，34（8）：75-78.

[3] 郑杨硕. 信息交互设计方式的历史演进研究[D]. 武汉：武汉理工大学，2013.

[4] 艾伦·库伯，等. About Face 4：交互设计精髓[M]. 倪卫国，刘松涛，薛菲，等译. 北京：电子工业出版社，2020.

[5] 比尔·巴克斯顿. 用户体验草图设计：正确地设计，设计得正确[M]. 黄峰，夏方昱，黄胜山，译. 北京：电子工业出版社，2009.

[6] 汤姆·图丽斯，比尔·艾博特. 用户体验度量：收集、分析与呈现[M]. 周荣刚，秦宪刚，译. 北京：电子工业出版社，2020.

[7] 利亚·布雷. 用户体验多面手[M]. 新浪微博用户研究与体验设计中心，七印部落，译. 武汉：华中科技大学出版社，2014.

[8] 本·施耐德曼，凯瑟琳·普拉圣特. 用户界面设计——有效的人机交互策略[M]. 5版. 张国印，李健利，汪滨琦，等译. 北京：电子工业出版社，2011.

[9] 刘伟. 走进交互设计[M]. 北京：中国建筑工业出版社，2013.

[10] 李乐山. 人机界面设计（实践篇）[M]. 北京：科学出版社，2009.

[11] 詹妮弗·泰德维尔. 界面设计模式[M]. 蒋芳，等译. 北京：电子工业出版社，2013.

[12] 惠特尼·奎瑟贝利，凯文·布鲁克斯. 用户体验设计：讲故事的艺术[M]. 周隽，译. 北京：清华大学出版社，2014.

[13] 海伦·夏普，詹妮弗·普瑞斯，伊温妮·罗杰斯. 交互设计——超越人机交互[M]. 刘晓晖，等译. 北京：电子工业出版社，2003.

[14] 唐纳德·诺曼. 设计心理学：日常的设计[M]. 小柯，译. 北京：中信出版社，2015.

[15] 唐纳德·诺曼. 设计心理学：与复杂共处[M]. 张磊，译. 北京：中信出版社，2015.